Urban
Memory
Belongingness
Exciting
Identifiable
Comfortable
Pleasant
Mobile Internet
Matching
Composition

Design
Place
Commercial

U0294598

查翔 刘蕊 宋歌 · 著

商业场所设计

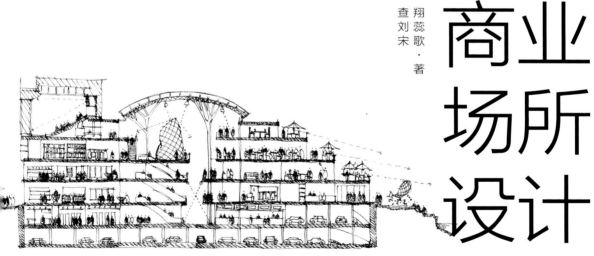

Commercial
Place
Design

中国建筑工业出版社

图书在版编目（CIP）数据

商业场所设计 / 查翔, 刘蕊, 宋歌著 . – 北京：中国建筑工业出版社, 2017.7
ISBN 978-7-112-20981-1

Ⅰ . ①商… Ⅱ . ①查… ②刘… ③宋… Ⅲ . ①商业建筑－建筑设计 Ⅳ . ① TU247

中国版本图书馆 CIP 数据核字 (2017) 第 166041 号

责任编辑：牛　松　封　毅
责任校对：焦　乐　李欣慰

商业场所设计
查翔　刘蕊　宋歌　著
*
中国建筑工业出版社出版、发行（北京海淀三里河路 9 号）
各地新华书店、建筑书店经销
北京利丰雅高长城印刷有限公司印刷
*
开本：787 × 1092 毫米　1/16　印张：15¹/₂　字数：386 千字
2018 年 1 月第一版　2018 年 1 月第一次印刷
定价：218.00 元
ISBN 978-7-112-20981-1
(30602)

商业本质的体现是一种消费状态，无论是高端的购物环境还是普通的消费场所，有形还是无形的交易，商业历史的追溯还是未来持续的发展，其都会以不同的形式存在，会以各种场景、手段、诉求浸润到人们点滴生活之中；其始终属于人类终端需求的一种类型，随着时代的不同，所展现的不过是各异的场所特征而已！

当今，随着商业活动逐渐成为现代经济生活的主角，商业场所也开始成为城市空间中最能体现日常意义的生活环境。从街边小卖部到商圈购物中心，从农贸市场到网上超市，人们无时无刻不受到它的影响，并且享受着它日益多样的形式带给我们的便利与愉悦。但商业场所究竟是什么？怎样才算是好的商业场所？好的商业场所如何才能拥有持续的盈利？

本书将场所论引入商业空间中，透过商业热闹的外在形式来追溯其内在本质，从商业逻辑、商业系统、商业发展的各个维度探讨商业的合理存在性；将场所感植入商业设计中，从城市性、归属感、兴奋性和舒适愉悦感等方面营造一个特质化的商业空间，吸引人们持续前往并乐意长久停留。商业场所设计关注的不仅仅是商业形态和空间，还强调场所特征与商业项目开发运营的匹配程度，以及重视如何在移动互联迅猛发展的大背景下拓展商业场所的广度与深度，探寻未来商业场所的设计之路！

序
二

翻开这本《商业场所设计》的书，就感觉到在当下城市化飞速发展中捕捉到了城市商业和城市生活潮流。抓住了商业地产开发中值得关注的亮点：商业场所设计。面对迅疾而来繁荣起来的各种商业综合体、购物中心，多元多样的商城、商圈、商业广场、商业街……及其衍生的泛商业地产、文化旅游、游乐地产，城市历史建筑保护、改造，城市更新中的商业开发与探索，已经应接不暇地服务于都市、城乡以及旅游景区，已经充盈在城市空间中呈现五彩缤纷。

创造场所就是创造活动，缔造新的生命。场所设计的成败、优劣影响其决定人气、接地气的吸引力，从而成为"城市客厅"，或者变得冷冷清清、无人问津的城市死角。

商业是人们生活中的必需，始终贯穿于人们日常行为活动之中，也是建筑领域中充满创新和挑战的广阔天地，更是建筑空间中寄情发挥的有限和无限的智创时空。场所设计带给了建筑师在商业建筑和商业地产重要的原创设计机会。其驾驭历史、地域、商业文化和跨界的艺术、技术能力，处理场所空间的体量、尺度时空的把握，关注人性化、商业环境互动体验等接地气的道道，乃至匠心推敲场所设计中材料色彩、灯光标饰的种种细部都成至关重要。场所设计关联着高瞻远瞩的规则、城市设计，渗透着策划与业态科学合理性，在传统建筑上的突破，现代建筑里的创新，在地下和地上空间中释放资源能量，发挥建筑文化价值和使用价值，已经成为市场竞争、城市商业发展的重要课题。

上海三益建筑设计有限公司创立于1984年，是全国十大民营甲级设计机构之一，拥有300多名境内外专业设计人员，为几百家著名地产开发商、百强地产企业提供长期专业服务，至今已完成的各类设计项目总规模达到了一亿多平方米。从2014年起，公司组建最有经验的人员形成团队撰写这本书。书中通过对众多城市商业综合体、社区商业以及文化旅游地产、地铁上盖商业、建筑遗存保护改造、城市更新项目的实践总结，汇集了国内外许多案例，从商业需求和社会责任聚汇于产生如何具有记忆归、属性的场所，令人兴奋可识别的场所，舒适、愉悦的场所，匹配化场所，移动互联背景下的商业场所等的分析、论证。同时也针对部分商业开发尚缺乏理性基因的诸多弊端及新形势下的新问题，提出思考和应对。客观地梳理了商业场所的形成、构建和演变及其未来发展，提供给设计者作为参考与借鉴。

本书内容丰富，资料案例详实，图文并茂，值得推荐。本书写出了属于自己也属于上海的风格，传递了建筑师对人的关怀，对社会责任的守望，希望读者喜欢！

邢同和

于2016年10月国庆节

"Are you going to Scarborough Fair？ Parsley, sage, rosemary and thyme，Remember me to one who lives there，She once was a true love of mine……"应该不少人听过这首源自中世纪的英国民歌，不管是曾经激励过美国一代人的保罗·西蒙和阿特·加芬克尔的版本，还是莎拉·布莱曼的悠远辽阔版，作为当时鲜见的时长为 45 天的商业场所——Scarborough Fair（斯卡布罗集市）就这样在传唱中源远流长下来。

集市，作为商业最初的发生场所，发源于货币产生之前的以物易物的时代。从集市到商铺、百货店，从百货商场到连锁店、超市、卖场，从商业街到大型购物中心，从城市综合体到商圈，历经千年的衍变与发展。

1796 年，位于伦敦圣詹姆斯区倍尔美街 89 号的主营皮草、男士服饰、钟表珠宝以及女帽的 Harding Howell & Co 开业，这是世界上第一家传统百货商场；1859 年开业的美国的"大西洋和太平洋茶叶公司"，开启世界上第一家近代连锁商店的时代；1930 年，一家名为 King Kullen 超市在美国纽约 Jamaica Street of Queen's District 开业，自此，这个世界有了超市；1926 年，德国在埃森市的"林贝克"大街推行"无交通区"，1930 年商业林荫大街建成，成为现代步行商业街的雏形。1970 年起，美国一些大型服装工厂和日用品加工企业开始在自家的仓库建立 Outlet Store，出售优质低廉的订单尾货。Outlets 自此应运而生……1909 年，位于牛津街西头的塞尔福里奇百货公司开业，为顾客提供了餐厅、空中花园、读书室、外宾接待处、急救室……更别出心裁的是百货公司引进巡视员，他们不仅能引导顾客还能促进销售，从而开创了百货公司的一个新模式。1917 年 10 月，中国第一家自建百货大楼先施百货在上海南京路开业。除却购物场所，其附属的屋顶戏院、东亚旅馆和豪华餐厅也同日开张。打破中国以往商店店员均为男性的传统，推出中国第一批女店员，先施公司的这一创举为其在中国百货商业史册上书下了一个重笔。由此可见，商业场所一直都在自觉、不自觉地寻求着传统的交易、购物功能之外的突破。

当下，一个精神消费、娱乐消费、服务消费、个性消费、社群消费于一体的时代，销售商品成为一种手段已非最终目的。故而打造集休闲、娱乐、餐饮、教育、购物为一体的商业场所，以此实现盈利方式的多样化，从而赋予商品更多的附加值成为一种趋势。于是，展览馆、剧场、电影院、健身房、零售商铺、餐饮、儿童游乐区、育婴室、休憩区、停车场、交通枢纽……乃至亲水平台、中心广场、屋顶平台花园，甚者顶层街区等越来越多的体验式功能被注入商业场所。这些不同尺度的功能空间组织在一起，成就了商业场所成为"生活中心"的转移。

阿道夫·阿尔弗莱德·陶博第一个在购物中心周边使用环形路线设计；公认的现代购物中心之父维克多·古鲁恩，重塑了美国社会的关于购物中心的空间范型，交通组织与经营方式的整套理念，他定义了商户尺度适配，花园式多层步行廊等诸多术语，甚至提出了吸引人流的旗舰店（magnet）等概念……衡量一个商业场所的设计是否成功，首先要看它在其所在的时代能否"招人惦记"。只有被消费者惦记了，才可能解决"为什么在这里消费"的问题。故而，建筑美学和商业空间的形式价值在群聚效应方面的作用已具有社会学的意义。美国建筑评论家戈德·伯格就说过："建筑既是美学观念的表达，也是形象、价值和力量的体现"。

解决了去哪里逛的问题，接下来，从哪里开始逛，保持怎样的逛街节奏，走到什么样的节点，遇到怎样的店铺，随机产生何种消费……以上，是一个商业场所设计对消费行为的"预先引导"。因此，本书中，三益的创作事业三部在对意大利维多利奥·埃玛努埃尔二世长廊图、柏林 KaDeWe 百货大楼图、瑞典恩波利亚购物中心、新加坡怡丰城、新加坡 ION Orchard、乌克兰海洋广场、北京侨福芳草地、成都 IFS 购物中心、上海新天地、上海虹口龙之梦、上海衡山坊等国内外及自身设计的商业场所规划与设计的研究基础之上，总结了具有实用性的商业场所的规划与设计原则、设计方法，希望能为当下的商业场所的规划与设计提供一些借鉴。

去思南路逛逛店、看看展、喝喝咖啡顺带偶遇某个剧组的现场拍摄，去国际时尚中心观摩一场时装发布秀，去 K11 看场莫奈的画展，去美罗城的上剧场看场《暗恋桃花源》，去百联又一城溜会儿冰，去 IAPM 的百丽宫看场电影，去衡山坊的衡山合集买几本书或者新杂志，去大悦城坐着摩天轮俯瞰北部上海，或者登顶环球金融中心鸟瞰上海全景……诚如帕斯德马金在《百货商场，其起源，演化和经济学》（1954）一书中所说："在考虑百货公司的社会效应时，人们倾向于把它和生活方式的转变联系在一起……"，这就是当下我们的生活方式。商业场所，俨然成了"家"和"办公室"之外的第三场所。而作为建筑设计师的我们，要实现如何让商业场所这一有限的空间可以承载更多的变化中的城市生活与文化。

高　栋

上海三益建筑设计有限公司 院长
上海三益佳柏资产管理有限公司 总裁
于 2016 年 12 月

目录

商业场所究竟是什么？是有形还是无形？是物质空间还是精神体验？通过界定商业场所的概念、研究行为和场所的关系、探讨商业场所的形成和发展等有助于我们透过商业热闹的形式外表追溯它的根源，探讨商业场所发展的一般规律，并找到未来商业场所的设计之路。

1

商业场所概述
Commercial Place
Introduction

1.1
商业场所的概念
Commercial Place Concept

1.1.1
商业的概念

商业（Commerce），是一种有组织的提供顾客所需的商品与服务的行为。[1] 广义上来说，它是构成经营活动环境的整体经济系统，涵盖法律、经济、政治、社会、文化和技术等因素。狭义上来说，它是把物品和服务从生产者转移到消费者的一种营利性经营活动。[2]

商业起源于原始社会以物易物的交换行为，它的本质是交换。

1.1.2
场所的概念

场所（Place），"从更为完整的意义上来看，'场所'的概念应当是特定的地点、特定的建筑与特定的人群相互积极作用并以有意义的方式联系在一起的整体"。[3] 场所关注的是空间及其意义和人的行为之间的关系（图 1.1）。

挪威学者诺伯格 - 舒尔茨（Christian Norberg-Schulz，1926-2000）在其著作《场所精神——迈向建筑现象学》中最早对场所理论进行了系统完整的阐述。他认为场所空间和场所特性构成场所结构，它们分别对应场所精神中的方向感（orientation）和认同感（identification）。其场所的意义在于强调对地域固有的自然景物和人文精神的回归（图 1.2）。

1.1.3
商业场所的概念

商业场所，是能够引导和维持商业活动，并使之持续发生的环境整体。

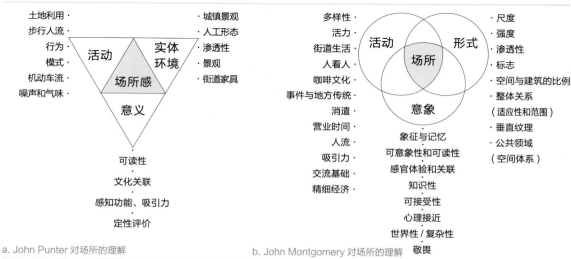

土地利用·
步行人流·
行为·
模式·
机动车流·
噪声和气味·

·城镇景观
·人工形态
·渗透性
·景观
·街道家具

活动　实体环境

场所感

意义

可读性
·
文化关联
·
感知功能、吸引力
·
定性评价

a. John Punter 对场所的理解

多样性·
活力·
街道生活·
人看人·
咖啡文化·
事件与地方传统·
消遣·
营业时间·
人流·
吸引力·
交流基础·
精细经济·

活动　形式

场所

意象

·尺度
·强度
·渗透性
·标志
·空间与建筑的比例
·整体关系
（适应性和范围）
·垂直纹理
·公共领域
（空间体系）

象征与记忆
可意象性和可读性
感官体验和关联
知识性
可接受性
心理接近
世界性 / 复杂性
敬畏

b. John Montgomery 对场所的理解

图 1.1　　关于场所营造的概念图解

它能为人们提供进行商业活动的适宜空间，也具有吸引人们进行消费并能稳固活动的场所特质。

　　与诺伯格－舒尔茨强调场所与地域、历史直接关联不同的是，在社会经济发展全球化的今天，商业场所既可以与地域、历史发生联系，也可以与它们完全脱离，甚至可以将异域的语汇和传统采用嫁接和植入的方式引入到该场所中。商业场所的目的是引导和维持消费行为的发生，用"场景再现"的手法来营造场所感，创建一种人与空间的即时认同关系。

　　例如上海月星·环球港（图1.3）营造了一个"想象历史融入工程"的主题公园，通过在建筑风格和室内装饰中使用文艺复兴、巴洛克、洛可可，甚至是伊斯兰风格的建筑语汇和符号，将"历史"场景重现，满足了人们对某种空间关系的需求。

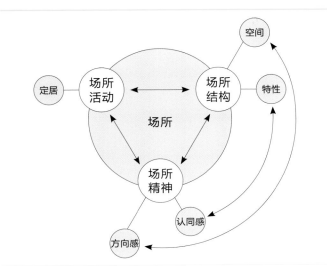

图1.2　舒尔茨"场所理论"的图解

图1.3 上海月星·环球港室内

1.2
商业行为与场所环境的关系
The Relationship between Commercial Behaviors and Place

1.2.1
行为与场所

　　人的行为，简单地说是指人们日常生活中的各种活动。它必然发生在一定的环境脉络中，并在许多方面与外在环境有着很好的对应关系并形成一定的行为模式。这里的外在环境既包括自然的、物理的环境，也包括人文的、心理的环境。

　　人的行为和其发生的外在环境相互作用就形成了场所。场所是人的行为活动与所处环境相互作用的基本方式。任何场所都具备人的活动与外在环境的相互作用，使场所内的人和物按一定秩序组织起来，稳定场所的发展。

　　杨·盖尔（Jan Gehl，1936- ）在《交往与空间》中写道："只有创造良好的条件让人们安坐下来，才可能有较长时间的逗留。如果坐下来的条件少而差，人们就会侧目而过。这不仅意味着在公共场合的逗留十分短暂，而且还意味着许多有魅力和有价值的户外活动被扼杀掉了。"[4]（图 1.4）

图 1.4　公园中的逗留场所

南京水游城室内中庭，丰富的室内中庭吸引大量人流逗留休闲。

图 1.5　商业中的逗留场所

1.2.2
商业行为与场所环境

　　美国城市规划理论家凯文·林奇（Kevin Lynch，1918-1984）在描述北美人的购物行为时认为，人们的购物活动不仅是交付货币给商家而获得商品或服务的一次性短暂行为，而是由游逛、休憩、观看、聆听、交谈、交易等一系列活动组合而成的。[5]宜人的场所能提供激发潜在活动的可能性，提高人们在场所中的停留意愿，从而增加消费行为产生的概率（图 1.5）。

　　因此，场所环境对商业行为的作用和意义重大，主要体现于以下两点。首先，商业活动中的各种行为需要适宜的场所环境来承载。商业活动是人类社会发展到一定阶段形成的

一种社会性活动，它发生于向公众开放的空间之中，受到社会经济水平的直接约束，并受到气候、地理、材料和技术等多种外力的影响。例如在南方多雨和强烈日晒气候下，会发展出骑楼这种建筑形式为户外活动提供空间，并进一步激发了交易行为的产生，成为合宜的商业场所空间一直延续至今（图1.6）。其次，场所环境对商业活动有促进和激发的作用。例如位于上海地铁二号线娄山关路站附近的金光绿庭广场，是上海首个花园式购物广场。层层叠叠的阶梯式花园郁郁葱葱，结合建筑独特的形态与色彩，创造了一个"移步易景"的生态式空中花园，使其成为一个人们愿意前往、停留、购物和休闲的商业场所（图1.7）。

图 1.6　广州商业街骑楼空间

图 1.7　上海金光绿庭广场——花园式的购物场所

1.3
商业场所的形成与发展
The Formation and Development of Commercial Place

1.3.1
商业场所的起源

　　国外的商业场所早期发源于集神庙、购物、集会于一体的自发形成的集市广场，文艺复兴时期进一步发展为室内步行街（图 1.8），工业革命以后产生了百货商场等形式（图 1.9），随着技术的进步和商业活动的不断发展，逐渐演化为购物中心、城市商业综合体、社区商业、便利店等若干形式。我国的商业场所最初出现的形式是"市"，它起源于"市集"和"墟场"。[6] 之后在封建制度下经历了集中设市、临街设店、庙会集市和前街后坊等形式（图 1.10），直至鸦片战争资本主义工商业的发展促进了百货商场的兴起。改革开放之后，我国的商业场所发展开始与国外接轨和同步，如今不论在规模、类型，还是空间、形式等方面都形成了百花齐放的繁荣局面。

图 1.8　意大利维多利奥·埃玛努埃尔二世
　　　　长廊（Galleria Vittorio Emanuele II）

　图 1.9　柏林 KaDeWe 百货大楼

图 1.10　清明上河图

1.3.2
商业场所形成条件

在商业的语境下营造一个具有场所感的空间，需要有意识地根据人们消费过程中的生理和心理需求、行为规律、活动的特点、持续的时间以及使用频率等进行构思，进而满足形成场所的条件。

作为"商业场所"一般应具有以下三个条件：首先，在特性上具有较强的可识别性和诱发力，能把消费者吸引到场所中来，创造人们参与活动的机遇。其次，在空间上能够提供适宜的场地和环境容量来承载商业行为中包含的各种活动内容，能让被吸引过来的人们滞留在空间中，或购物、或游逛、或小憩和交谈，从而不自觉地进一步激发消费行为。最后，在时间上能保证持续商业活动的时间周期，让人群吸引人群、活动吸引活动，使该场所中的购物行为变成广泛而经常性的活动（图 1.11）。

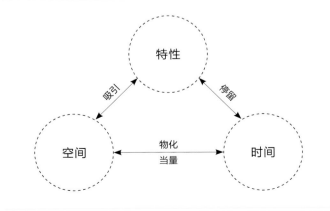

图 1.11　商业场所的形成条件

1.3.3
商业场所的发展趋势

传统商业的本质是购买型商业，建筑作为实体场所需要在有限的时间和空间中传递尽可能多的商业信息，进行尽可能多的交易行为。[7] 因此，传统的商业场所把众多的店铺集中组织在一个整齐有序的空间中，从最早的集市，到后来的百货商店，再到现在的购物中心，无论建筑风格和室内环境怎么变化，都是这一本质的形态体现。但随着经济的飞速发展和互联网应用的不断扩大，消费行为的本质已经逐渐变为对精神体验的需要和对信息获取的渴求。商业中的物质形态逐渐被弱化，精神上的体验性增强。在可见的未来，商业场所的发展将从"实物型"逐渐转变为"感受型"、"定向化"和"信息化"等。

"感受型"商业场所的特点在于，人们的消费活动中"买"的需求不再是主体，"感官"和"心"的体验成了消费主导因素。这种消费模式上的变化，相应使商业场所走向了主题化和精细化，发展出上海新天地、北京蓝色港湾、南京水游城等主题特色鲜明的商业，也让上海浦东嘉里中心、北京侨福芳草地、广州太古汇等商业因注重细节和购物舒适度而成为人们乐意停留的场所。此外，这种消费模式的变化还使商业场所变为城市客厅，越来越多地承担交往、休憩、甚至交通等城市功能，人们可以带上全家或约上好友在其中度过惬意的一天（图1.12）。

图 1.12　舒适惬意的浦东嘉里中心内广场

"定向化"商业场所是随着商家在激烈的市场竞争中为了赢得顾客开始改变原来"大而全"的商品和服务定位，而使商业场所呈现出"大型商业专业化"和"小型商业综合化"的一种趋势。例如，宜家家居（IKEA）就是以"大而专"为特点的商业场所代表，它只专注于经营家具和家居用品，它根据"先展示再售卖"的模式发展出独有的超长购物动线，让人们在对"家"的美好构想之中流连忘返（图1.13）。遍布大街小巷的24小时便利店是"小而全"商业场所的代表，它以经营即时性商品或服务为主，满足人们生活中最基本的需求，成为最贴近生活的商业场所。

a. "大而专"的宜家购物中心

b. 荟聚购物中心

宜家近年也在打造自身商业综合体"荟聚"品牌，以家居为依托形成购物、餐饮、娱乐为一体的综合物业。国内红星美凯龙、月星家居、喜盈门等亦如此。

图 1.13　宜家购物中心

"信息化"商业场所是伴随着互联网购物的普及和手机商业 APP 的推广和应用而发展起来的。在移动网络的帮助下，商业活动将对人们的日常生活进行全方位的渗透。这也进一步印证了库哈斯在《哈佛设计学院购物指南》中的观点，不仅是购物活动里融入了各种事件成分，且各种事件最终也都融汇成了购物活动。[8]"商业场所"将再一次打破人们对场所概念的界定，场所的空间实体性会弱化，甚至会被精神体验性所取代，商业行为的发生可以无时无刻无地，商业场所的范围也可以扩展到无处不在。

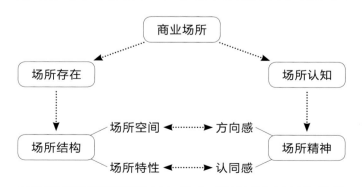

图 1.14　场所存在和场所认知关系图

1.4
商业场所的存在与认知
The Existence and Cognition of Commercial Place

诺伯格－舒尔茨的场所理论认为，"场所空间"和"场所特性"构成场所结构，它们分别能引发场所精神中的"方向感"和"认同感"。场所结构对应于场所的存在，而场所精神对应于人们对场所的认知（图 1.14）。

1.4.1
商业场所的存在

1、商业场所的空间

在商业场所中，空间是容纳人们进行商业活动的三维整体，其组织结构是人们的商业活动与场所环境相互作用的结果，并把场所意义和相关衍生活动有机地结合起来。

1）商业空间分类

随着社会经济不断发展，新的商业场所类型层出不穷，分类标准也日趋多元。规模、区位、功能、服务商圈、销售商品范围、物业类型、零售方式、消费群体定位以及建筑物形式等都可以作为分类标准。在相关分类方式中，比较典型的有三种，按空间规模分类、按形态分类和按功能分类。

（1）按空间规模分类

商业空间的规模与其总建筑面积、占地、服务消费人群、服务半径等数量

表 1.1 商店建筑规模划分

规模	小型	中型	大型
总建筑面积	< 5000 ㎡	5000~20000 ㎡	> 20000 ㎡

表 1.2 美国购物中心分类

类型	主力店[①]	GLA[②]/ 万㎡	总 GLA/ 万㎡	用地面积 / 万㎡	最小服务人口 / 万人	服务半径 /km
邻里购物中心	超市（综合药房）	0.5	0.3~1	1.2~4	0.3~4	2.5（5~10min 车程）
社区购物中心	初级百货店（超市＋百货）大型折扣店	1.5	1~4.5	4~1.2	4~15	5~8（10~20min 车程）
区域购物中心	1~2 个大型百货公司	4.5	3~9	4~24	>15	15（25~30min 车程）
超级区域购物中心	3 个以上大型百货公司	9	5~20	6~40	>30	20

注：此表根据 ULI2005 年的数据整理而得

① "主力店"：美国传统购物中心常含有一个以上主力百货店，但按照国内目前购物中心的设计情况，主力店不仅仅指百货店，也指电影院、溜冰场等。因此，国内借鉴此表是，可把百货公司替换为其他主力店形式。

② GLA：Gross Leasable Area 总出租面积，用以计算商业建筑每层或总体的出租经营面积，是总建筑面积中扣除了公共空间、服务用房等的净出租面积，包括地上和地下所有商业的出租部分。

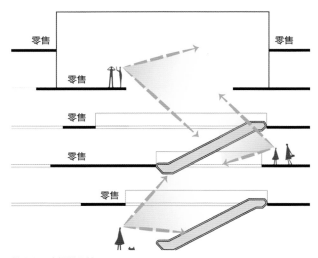

图 1.15 空间展示性

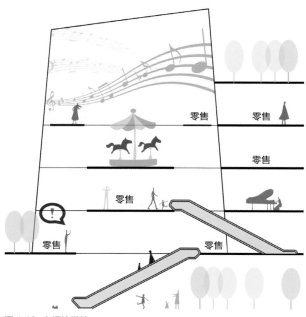

图 1.16 空间愉悦性

有关。在 2014 年 12 月开始执行的《商店建筑设计规范（JGJ 48-2014）》中根据单项建筑内的商店总建筑面积把商店建筑分为小型、中型和大型三类[9]（表 1.1）。美国城市用地学会（Urban Land Institute，简称 ULI）则进一步考虑了商业的主力店、总租赁面积、服务人数和服务半径等将美国购物中心分为表 1.2 所列的四种。[10]

（2）按形态分类

商业场所的空间形态一直随着人类商业历史的发展而不断演变，但综合归纳起来，可以分为商业街、单主力店、购物中心和综合性购物中心四类。[11] 这种形态上的分类体现了各商业场所在店铺类型、空间开敞度、业态丰富度和运营管理等方面的不同。

（3）按功能分类

根据商业日常运营中各种不同活动功能的划分，可以将商业空间分成三类：①商铺空间——各商家直接面向顾客销售商品或服务的空间，即交易行为的发生空间；②公共空间——除商铺外的营业区空间，如商场出入口、顾客动线通道、中庭、卫生间等，这些场所主要承担顾客的行走、停留、观赏、交往等功能；③后勤辅助空间——不允许顾客进入的非营业空间，包括仓储、管理、生活后勤和建筑设备用房等。对于顾客而言，主要通过公共空间和商铺空间等营业性空间来获得场所感。

2）商业场所的空间特点

商业场所中的空间以引发和促进商业活动为目的，因而具有以下特点。

（1）空间的展示性

商品被看见是促进交易活动的第一步，因此要求空间具有通透性。首层室内外橱窗的通透、中庭或动线通道上视线的无遮挡、上下层空间的贯通，以及节点空间处各楼层的层间变化等等处理手法都能让消费者尽可能多地看见展示的商品。此外商品还需要被消费者认知，因而要求空间能为顾客提供足够的商品信息。例如空间造型要与既定的消费客户群体相匹配，能传达商业场所的定位特征；又如商品广告和商铺信息等指示性标识的布置要合理等（图 1.15）。

（2）空间的交易性

让消费者在商业场所中尽可能多地直接接触商品或服务是提高交易活动的关键之一，这与消费者在场所空间中的行走动线和商铺在动线上的布置有关。为促进交易，应该以合理的商业动线为主导来组织空间结构和布局，将各商铺根据自身特点安排在动线周边，并考虑消费者经过店铺门面概率的均质性。无论在水平空间分布上还是垂直空间布局上，都将消费者在动线空间中行走的便利性和各商铺的可达性作为交易性空间设计的基本要点（图 1.17）。

（3）空间的舒适性和愉悦性

空间的愉悦性能延长消费者在商业场所中的停留时间，并且提高他们再次前来的意愿。商业空间为消费者带来的舒适感会激发他们在该空间里进行其他活动，例如休憩、观赏、交谈等等，而这些活动反过来也会进一步引发新的消费活动。在商业场所中，舒适性体现为空间的方向感和尺度感等可用标准化数据控制的空间品质，愉悦性体现为空间的流动性和丰富性，从而增加了场所的趣味感和独特性（图 1.16）。

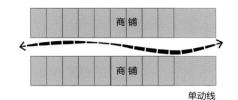

单动线

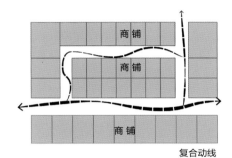

复合动线

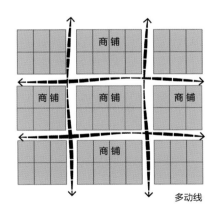

多动线

商铺围绕动线合理布置，让消费者尽可能多地接触商品和服务，促进交易发生。

▬ ▬ 主动线
▬ ▬ 次动线
▨ 店铺

图 1.17 空间交易性

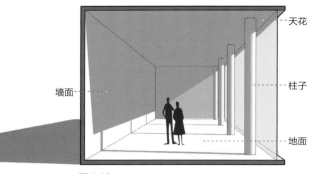

天花

墙面

柱子

地面

图 1.18

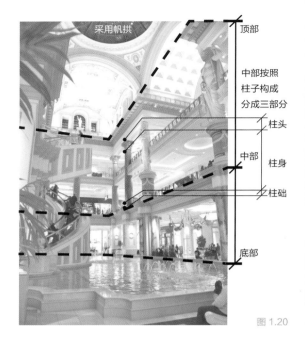

采用帆拱

顶部

中部按照
柱子构成
分成三部分

柱头

中部   柱身

柱础

底部

图 1.20

图 1.18 界面元素构成

图 1.19 Nordiska Kompaniet (NK)) 北欧百货外立面分析

图 1.20 Caesars palace,Las vegas 凯撒宫室内分析

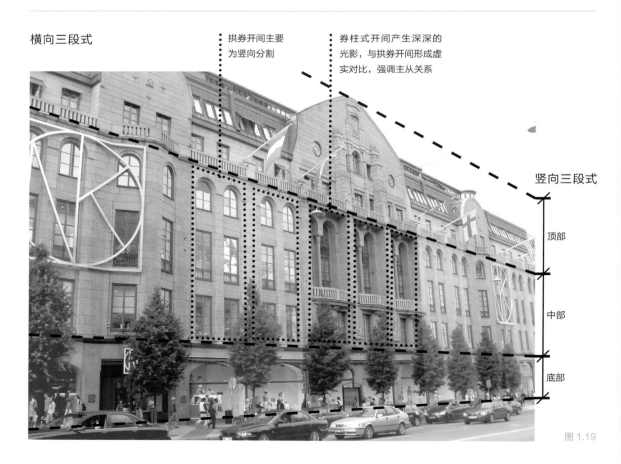

横向三段式

拱券开间主要
为竖向分割

券柱式开间产生深深的
光影，与拱券开间形成虚
实对比，强调主从关系

竖向三段式

顶部

中部

底部

图 1.19

2、商业场所的特性

场所的特性（character）是比空间更普遍而具体的一种概念，一方面暗示着一般的综合性气氛，另一方面是具体的造型，及空间界定元素的本质。[12] **在商业场所中，场所的特性是通过特定的空间构成元素表现出的人们交易活动共识意义的一种整体环境氛围，为人们提供进行交易活动的场所认同感（identification）。**

1）场所特性的构成元素

商业场所由空间界面组织、造型组织和微环境所决定，它通过物化的手段来实现人们的心理认同。

（1）空间界面组织

商业场所的空间界面组织是指墙面、地面、楼板、天花、柱子、标志物等特定的空间界面元素，它们通过材质、肌理、色彩、质感和触感等向人们传达商业场所的特性氛围。不同的材料、质感、色彩等会给予人粗糙、细腻、轻重等不同感觉，通过这些不同界面的组合可以使商业场所的形象鲜明而具有昭示力，让消费者从感官上就能识别在这个场所里能购买奢侈品、日常消费用品还是杂货小商品（图1.18）。

（2）造型组织

造型组织指各空间界面元素本身和其所构成的整体通过形状、体量、虚实等所体现的和谐与统一、主从与重点、均衡与稳定、对比与微差、韵律与节奏、比例与尺度等造型

特色，带给人们以形式美的感受。此外，由于边界的特质由其开口所决定，因此可以利用各种形态特征的门、窗、柱廊、楼层间开口等营造商业场所的特色主题。例如运用具有西方古典"传统元素"特色的柱廊和门窗，可以让消费者产生置身于欧洲宫殿中购物的尊贵感（图1.19、图1.20）。

（3）微环境

微环境可以被定义为场所中与人体感受息息相关的非视觉影响因素构成的整体环境。在舒尔茨看来，"场所的特性也是时间的函数，因季节、一天的周期、气候，尤其是决定不同状况的光线因素而有所改变。"[13] 而对于如今大部分处于室内的商业场所而言，季节、气候、光线带来的场所感已经被人工控制的温度、湿度、气流、灯光和声响等替代。商业场所的微环境给使用者带来的更多的是体感上的舒适度，增加人们在该场所中停留的意愿（图1.21）。

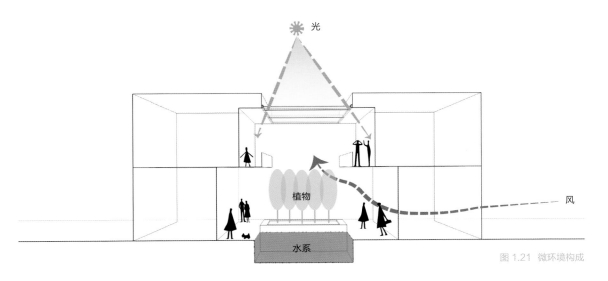

光

植物

风

水系

图1.21 微环境构成   13

2）场所特性的特点

商业场所的特性是为了激发人们的消费欲望，促进消费行为的产生，而通过环境氛围的营造给消费者带来场所认同感和场所行为暗示。可以将商业场所的特性概括为以下四个主要特点：

（1）城市性的、公共性的

城市性和公共性决定了商业场所的地理环境定位，是影响商业场所生成的先决条件。商业场所依赖其所处的城市区位、城市文脉、城市能级和周边交通等来形成独特的场所特性，同时它也通过自身丰富的业态构成、多样的公共空间和极高的公众参与度等来促进城市功能的升级，带动城市经济增长，提高市民生活品质。

（2）具有记忆的、归属性的

商业场所特性中的记忆性和归属性能维系社会成员的文化共享，增加人们对场所的情感共鸣，让人们多次持续性地光临该场所。通过场所的特性来再现历史、文化和记忆等，使场所产生的意义与人们的心理状态吻合能支持人们活动时的情感，进而产生归属感。商业场所中的归属感能使场所中的购物行为稳定地形成一个常态，并得以延续。

（3）令人兴奋的、可识别的

兴奋性和可识别性是商业场所吸引人们前来的"引爆点"。商业场所往往需要通过营造多样变幻的和激动人心的购物环境带给消费者新鲜感和刺激感，突出自身特色，吸引客流。同时，兴奋点和可识别性也是商业领域差异化竞争的策略之一，用令人兴奋的主题形成特色鲜明的场所来增加客流，提升竞争力。

（4）舒适的、愉悦的

舒适性和亲和力是商业场所让人们在其中长期停留的"锚固点"。通过尺度控制、细节设计、微环境调控等方面的悉心营造，商业场所能让人们感到舒适并体验到易于参与其中的愉悦感，从而喜爱这一场所，乐意在其中逗留并不知疲倦。这种长期停留的意愿还会引发场所中其他活动的生成，进而进一步促进商业活动。

1.4.2
商业场所的认知

1. 商业场所中的认知与体验

认知（cognition）是对作用于人的感觉器官的外界事物进行信息加工的过程，即人认识外界事物的过程。[14]

与著名的马斯洛需求层次理论（Maslow's hierarchy of needs）相符，随着社会经济的发展和大众文化的进步，消费者对商业场所的需求不再局限于交易性质的商品本身，消费过程中对场所感的认知和其产生的心理和情感层次上的反应受到重视，"体验式消费"、"情感式消费"成了商业发展的新趋势。

体验经济的出现改变了消费者的消费模式，也推动了商业场所特性的多元化发展。首先，商业场所的主角从商品变成了消费者，促进了商业场所从功能型向服务型的转变。其次，商业场所的体验特性发挥着戏剧舞台般的作用，它在有限的场地中营造特定的情境，使消费者在购物过程中享受体验带来的兴奋和愉悦。最后，商业场所被拓展为优质的城市性公共场所，人们能在这里休憩、交流、娱乐，从中获得良好的社交体验（图1.22）。

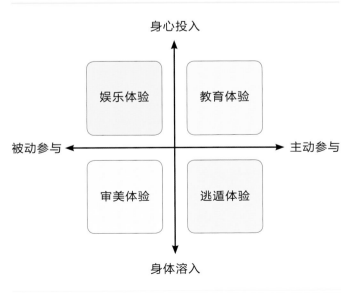

身心投入

被动参与 ←→ 主动参与

娱乐体验　教育体验

审美体验　逃遁体验

身体溶入

图 1.22　派恩和吉尔摩的 4E 体验王国

2. 商业场所中的认知与行为

在商业场所中，人们从场所特性的认知到消费行为的发生需要经历认知、感情和意志三个过程（图1.23）。人们的购物过程可以分解为：被吸引——兴趣——联想——欲望——比较——信赖——行动——满足等过程[15]，它们相互影响并决定最后购物行为的发生和评价。

消费者在商业场所中的行为可以分为消费型和非消费型两种。消费型行为指人们在场所中直接的交易行为，它包括购物、饮食和娱乐等，是商业场所中最基本的功能性行为。非消费型行为是场所中与直接交易无关的行为，它们通常相互交织组合，构成人们无目的的"闲逛"状态。这些行为包括行走、停留、感受和交往等，是商业场所公共性的体现，反映了人们对信息交流、社会交往和社会认同的需要。

消费型行为是商业场所中的事件主体，非消费型行为伴随着主体事件而发生。随着人们生活品质的提高和体验式经济的发展，商业场所中的行走、停留、感受和交往等非消费型行为得到重视，成了商家用来赢取消费者而重点关注的方向。为消费者营造宜人的行走和停留环境，提供更多的机会促使丰富多样的事件发生，让人们参与其中感受和交往，人们才愿意长时间地在场所中"闲逛"，才能更大地提高人们与商品和服务的接触机会，从而能促使更多的消费行为的发生。

如今，日益流行的"体验式消费"虽然强调的是场所认知，但目的是进一步激发场所中的消费行为。正如前文所述，商业的本质是交易，商家进行交易的目的是盈利。商家受利益的驱动为消费者创造良好的购物环境，构建城市性的、具有记忆的、令人兴奋和舒适的商业场所，最根本的目的是希望有更多的人前来消费，把场所的价值利用最大化。例如上海 K11 购物艺术中心就是这样的案例（图 1.24）。它的前身是香港新世界购物中心，2013 年翻新改造后，这个购物中心从一个氛围冷清的普通商场升级为人气爆棚的"现代都市博物馆"，它利用"赏、听、闻、尝、爱"五种感官来让艺术、人文、自然和购物消费形成互动，成功定义了"博物馆零售业"。它通过为市民提供具有艺术体验感的商业场所，使得平均每月人流量增加到了 100 万人次，也使其一跃成为上海淮海路上租金最贵的物业之一。这种用场所体验性激发消费的做法给在电商冲击下日趋衰落的实体零售业注入了新鲜的血液。

图 1.24　上海 K11 购物艺术中心

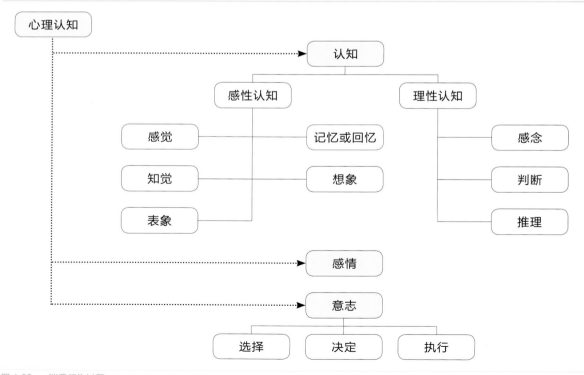

　图 1.23　消费行为过程

参考文献

p14   ¹ "商业"词条. 维基百科. http://zh.wikipedia.org/zh-cn/%E5%95%86%E4%B8%9A

p14   ² "商业"词条. 维基百科. http://zh.wikipedia.org/zh-cn/%E5%95%86%E4%B8%9A

p14   ³ 刘先觉. 现代建筑理论——建筑结合人文科学自然科学与技术科学的新成就. 北京：中国建筑工业出版社，2004：115

p16   ⁴ （丹麦）杨·盖尔著. 何人可译.《交往与空间》（第四版）. 北京：中国建筑工业出版社，2002.1

p16   ⁵ （美）凯文·林奇著. 方益萍译. 城市意象. 北京：华夏出版社，2001.4

p18   ⁶ 程超. 传统商业建筑对现代商业建筑的启示. 硕士学位论文. 太原理工大学，2012.5

p19   ⁷ 张红. 商业建筑的主题化与主题商业建筑. 建筑学报. 2005.12

p20   ⁸ Jeffrey Inaba; Rem Koolhaas; Sze Tsu, The Harvard Design School Guide to Shopping / Harvard Design School Project on the City 2, Taschen, 2002.04

p22   ⁹ 中华人民共和国住房和城乡建设部，中华人民共和国行业标准——商店建筑设计规范（JGJ 48- 2014）. 北京：中国建筑工业出版社，2014

p22   ¹⁰ 周洁. 商业建筑设计. 北京：机械工业出版社，2012.10

p22   ¹¹ 周洁. 商业建筑设计. 北京：机械工业出版社，2012.10

p25   ¹² （挪）诺伯舒茨著. 施植明译. 场所精神——迈向建筑现象学. 武汉：华中科技大学出版社，2013.7

p25   ¹³ （挪）诺伯舒茨著. 施植明译. 场所精神——迈向建筑现象学. 武汉：华中科技大学出版社，2013.7

p27   ¹⁴ "感知"词条，百度百科 http://baike.baidu.com/link?url=7UMEconiRaVis1xCIFzt5gVOVyxlymbSeleHG4a2AvBu3JcMREH_bwNrP5v1EX0dlOBreFXPo0aE75948Ba3ZyB1QGzM7Z2PsfftSO6DQaC

p27   ¹⁵ 武扬. 购物者心理与行为在商业建筑设计中的体现. 建筑学报. 2007.1

城市性和公共性决定了商业场所的地理环境定位，是影响商业场所生成的先决条件。商业场所依赖其所处的城市区位、城市文脉、城市能级和周边交通等来形成独特的场所特性，同时它也通过自身丰富的业态构成、多样的公共空间和极高的公众参与度等来促进城市功能的升级，带动城市经济增长，提高市民生活品质。

2

城市性
商业场所
Urban Commercial
Place

2.1
城市性商业场所的概念及与城市的关系
The Concept of Urban Commercial Place and its Relationship with the City

2.1.1
城市性商业场所的概念

城市性商业场所，指具有城市公园、城市广场、城市剧场等城市特定功能，反映地域特色、城市精神、城市文脉等城市特定属性，体现市民参与、公共开放、交通便利的商业性活动场所。

公共区域
城市道路

城市道路

城市道路

　图 2.1　霍顿广场与城市空间分析

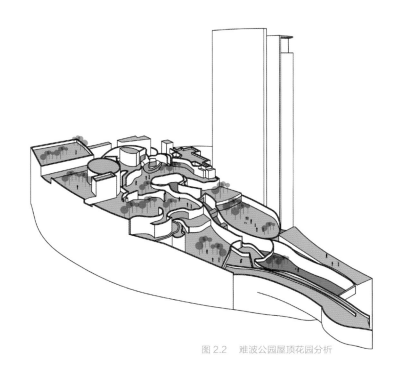

2.1.2
城市性商业场所与城市的关系

图 2.2　难波公园屋顶花园分析

1. 从属关系

城市性商业场所是城市功能的一个组成部分，与城市是一种从属关系。强调城市的特性，既包含城市外部条件的限定性，又具有商业内在条件的真实性[16]，二者互为条件不可或缺，共同构建了极具丰富性的城市性商业场所。

城市外部条件限定性——城市是人类多样化文明要素的空间化聚集，在其形成、发展、变迁过程中创造了众多的文明，这些文明通过生活方式、地域风格、宗教信仰、建筑特色等形式表现出来，最终形成了一种城市精神。城市性商业场所的构建离不开对城市外部限定性条件的解读和传承。如美国加州圣迭戈的霍顿广场，其主要建筑不是在同一时期内建造，却共存于一个完整的城市环境中。在设计中，一方面提倡对城市文脉的尊重，另一方面重视对圣迭戈的城市语言和历史的完美解读，创造了完全融入现有城市环境，又极具活力和特色的城市性商业场所（图 2.1）。

商业内在条件真实性——指城市性商业场所必须自身条件充分，反映所在城市区域的真实商业需求和活动需求，对城市功能起填充、弥补、融合的作用。如日本大阪的难波公园，原址是一座棒球馆，位于大阪的传统商业区，缺乏开放空间

和自然景观，通过空中花园、屋顶绿化、屋顶剧场、室外广场、峡谷空间等一系列场所营造，为喧嚣拥挤的城市带来一片绿洲，创造了一种值得记忆的体验。难波公园的建造填补了该区域城市功能的缺失，其实质是对城市内在需求的一种精确定位和真实表达（图 2.2）。日本川崎的格林木购物中心，其目标就是为了迎合这个商圈内的上班白领多、育龄妇女多、孩子多，但休闲活动场所少这样的实际情况，仔细研究了这些群体的需求，其所有的创新都是为了迎合这些群体的需求而设计开发的，比如把食品超市、杂货铺设在一楼就是为了方便上班族回家路过格林木购物中心时顺便买一些回家做饭的食材和商品；精心做好一个适合儿童观赏和学习的屋顶花园就是

图 2.3 格林木购物中心实景

为了吸引育龄妇女带着孩子来购物中心游玩并在游玩的过程中顺便买一些商品回家（图 2.3、图 2.4）。

2. 拓展关系

每一个特定城市都有它独特的灵魂，城市性商业场所应该能精确表达项目所在城市的角色和灵魂、风貌和特色、文化和内涵。充分"把脉"城市，才能创造出具有特色，焕发活力的场所；对城市属性、文脉、特色、风貌进行高度概括和提炼，才能营造出一种既融入城市，又填补空白，既个性独特，又可识别的商业场所。城市性商业场所的实质是对城市文明的拓展、

夸大、再现、融合，它与城市之间是一种拓展关系。如日本北九州滨河走廊购物中心（Riverwalk Kitakyushu）为了和周边地区丰富的历史遗产相协调，从当地的传统元素中提取了五种颜色，并采用了五种对比感强烈的几何形体象征城市各地区，它们与场地周边的运河和景观有机结合，形成了一个具有鲜明特色的城市综合体，成了北九州市的城市地标（图 2.5、图 2.6）。

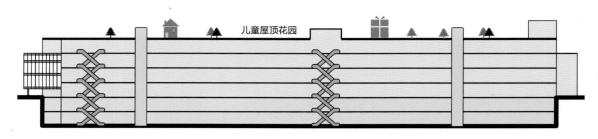

儿童屋顶花园

　图 2.4　格林木购物中心空间分析

商业　地下车库　扶梯　电梯

图 2.5　北九州滨河走廊购物中心实景

3. 交互关系

城市性商业场所本身是城市公共领域的组成部分,应以自身为核心,以城市文脉为依托,以创造多元化的交往空间为基础。成功的城市性商业场所营造需汲取、吸收城市的诸多因子,而城市的特色营造离不开商业场所公共领域的开发和建设,二者互为借势,是一种交互关系。

在全球化风格广泛作用和影响下,城市如公式般死板,城市公共领域出现分化、肢解、不连续等特点,地块与地块之间缺乏行之有效的连接,成为割裂的肌理。因此,有必要通过城市性商业场所的营造,让割裂的空间形成一个统一的、连贯的整体环境,创造出具有独特灵魂的记忆场所。

同时,构建城市性商业场所不仅仅是简单地叠加环境元素,甚至也不仅仅是为消费者设计,而是最好从市民的角度出发进行设计。应从城市高度出发,构建公共设施、反映城市文脉、体现市民参与等一系列城市性要素,构建一种引导并占据人们精神世界的体验场所。

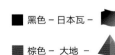

■ 黑色－日本瓦－

■ 棕色－ 大地－

金黄－麦穗－

图 2.6　北九州滨河走廊购物中心颜色分析

2.2
城市性商业场所形成的基本条件
Basic Conditions for the Formation of Urban Commercial Place

2.2.1
具有公众到达和开放使用的公共空间

公共空间是城市性商业场所营造的核心，没有公共空间，城市性将不复存在。在公共空间营造中需注重两个层次的空间。

一是指城市的典型空间场所，如广场、街道、公园等所有人都可以自由出入的场所。如美国加州的环球影城步行街（柯达影城），东西两条大街约 460 米长，设置了艺术表演广场、圆形剧场、摄影棚旅行广场、电影庭院等众多城市公共空间，并设计提炼了洛杉矶市井生活的瞬间和风格，成了洛杉矶市内一个人们经常光顾的地方（图 2.7）。

二是指商业场所内部空间，在商业场所的演进和发展过程中，商业场所内部空间逐渐承担起城市空间的角色，内部空间逐渐走向室外化、城市化、公共化。如上海虹桥天地引入值机大厅，马来西亚绿水坊引入游轮，马来西亚阳光广场引入城市公园，美国拉斯维加斯 Aria 酒店商业引入科技馆、科技作品，新加坡乌节湾引入美术展馆，日本六本木商业引入表演剧场，泰国中央商场引入溜冰场等。众多案例反映的是购物中心内部空间与城市功能的融合，实质是人们已经不能满足固有的、封闭性的购物场所，需要介入更多公共的、开放的、可参与的城市空间（图 2.8、图 2.9）。

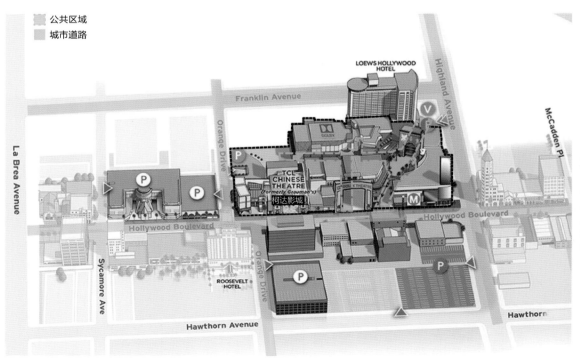

　图 2.7　柯达影城平面分析

图 2.8　上海虹桥天地值机大厅

图 2.9　新加坡乌节湾中庭具有城市公共性的商业内部空间

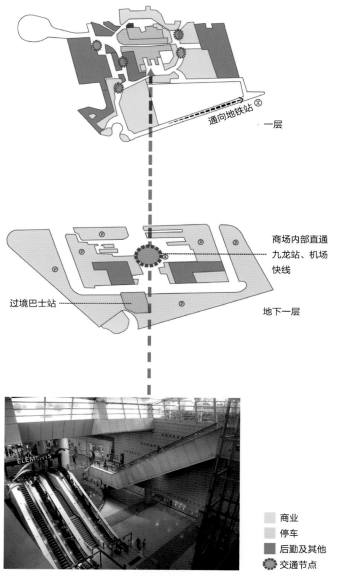

通向地铁站 ⊗ ————— 一层

商场内部直通
九龙站、机场
快线

过境巴士站 ----

地下一层

▢ 商业
▢ 停车
■ 后勤及其他
✳ 交通节点

图 2.10 香港圆方广场的城市交通接驳

2.2.2
具有快速到达和
多元接驳的交通设施

　　可达性是城市性商业场所必须具备的一个条件，一个融入了城市公共空间的商业场所，需通过良好的交通引导，快速、合理地导入城市人流，促进商业活动的发生和繁荣；同时，随着城市的不断发展，城市性商业场所的设计不可避免地集合了多元的交通设施，成为城市公交车站、出租车、大巴车、地铁、轻轨等交通设施的集合体。如香港圆方广场，购物中心的其中一个车库入口和城市高架直接连通，快速地导入城市车流（图 2.10）。上海中山公园龙之梦，与轨道交通 2、3、4 号线接驳，地上通过空中走廊与购物中心相连，地下通过转换大厅相连，并且汇聚了多条公交线的首末站，是大型公共交通换乘枢纽（图 2.11）。

　　众多交通设施的引入实质上为人们快速到达商业场所提供了保障，促进了商业场所的持续繁荣；而人流、车流的导入度，也体现着商业场所的城市性影响强度。

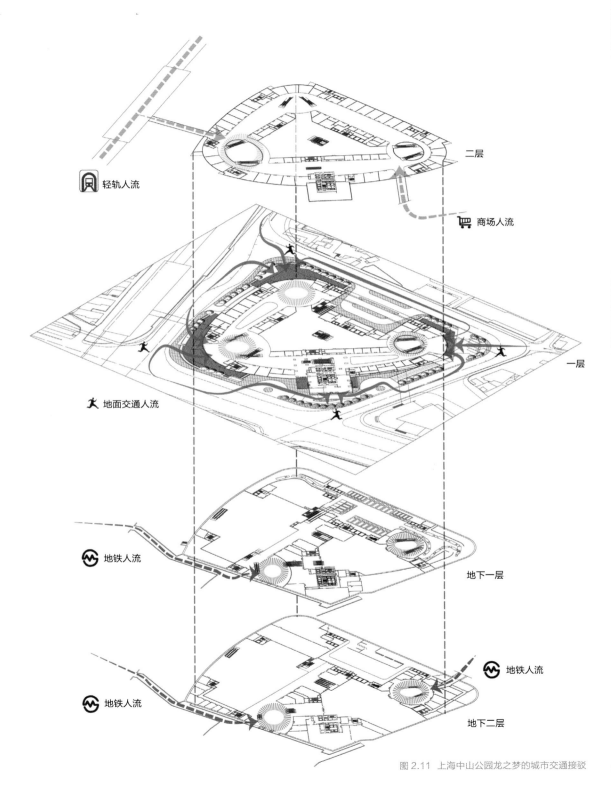

二层

图 2.11 上海中山公园龙之梦的城市交通接驳　　27

2.2.3
反映城市精神和
地域特色的特定属性

地域特色、城市精神、城市文脉等城市属性是一个城市的象征和代表，能引起人们的共鸣，激发人们对地域归属感的认同。在城市性商业场所营造中，需提取那些在城市发展过程中形成的多样化文明成果，实现商业场所的身份和文化认同。同时，关联文脉，让割裂的城市性场所形成既连续统一、又可识别的场所，既能融入城市、又具独特性的商业场所。如银川永泰城表现出对地域文化的认同和重视。设计方案提炼和概括了大漠、黄河等地域元素并反映在购物中心的表皮设计之中，蜿蜒流畅的曲线演绎着古老的黄河文明，传达出一种地域精神，塑造了一种城市特色，反映了银川市的黄河文明和多民族文化的特色，形成了商业性的文化认同（图 2.12、图 2.13）。

沙漠：层层叠叠的表皮造型模拟了大漠中黄沙和岩石蜿蜒的曲线形态，传达出对地域文化的保留和继承

黄河：用玻璃和银色铝板作为表皮材料，使蜿蜒的曲线形态像黄河水流一样轻盈，用现代的手法转译地域文化的精神

图 2.12 银川永泰城效果图

　图 2.13 银川永泰城表皮分析

2.2.4
体现公众参与和市民精神

公众参与度的高低是带动城市性商业场所持续繁荣与否的关键因子。那些在人们心里留下深刻印象和良好口碑，同时又持续稳定运营的商业性场所，在"硬件"和"软件"两个方面都达到了公众参与的要求和标准，已经融入城市，成为城市不可或缺的"血液"，最后浓缩为一种市民记忆和精神。

"硬件"打造：商业场所应搭建公众参与的设施和平台，这些设施和平台需具有人情味、亲切感、可识别性、有吸引力，符合城市人际交往的标准和要求，吸引公众的兴趣，使人们了解、熟悉，最后融入商业场所中。如新加坡怡丰城（VIVO City）结合圣淘沙岛的海滨美景设置了300米的沿海观景长廊，为公众提供了宜人的水岸休憩场所。同时它还在第三层的屋顶花园内设置了户外剧场和四个嬉水型浅水泳池，并围绕花园设置了影院、餐饮等业态，吸引了不同年龄层次的人们前来游玩和消费（图2.16）。

"软件"组织：利用城市性商业场所搭建的平台，进行定期的文化展演、美食品尝、品牌展销等运营活动来提高公众的参与度，增加商业场所的人气和活力。运营活动的成功与否是城市性商业场所"软实力"的表现，也是商业地产体现公众参与最为直接的方法。江苏盐城中南城购物中心的项目管理团队为中南城提供了购物中心设计、定位、招商、市场推广、营运管理等全程的独家管理服务，自开业以来举办了"变形金刚汽车人集结秀"、"速度与激情超跑嘉年华巡展"、"3D奇幻画展"、"乐享达人随手拍"和"爱·系列少儿公益绘画"等活动，极大地提高了中南城的城市影响力，为盐城人民带来了不一样的精彩（图2.14）。

此外，在城市性商业场所中购买者不仅仅是消费者，同时也扮演着公共参与者和市民的角色。他们上下班的时候换乘交通工具会经过此处，周末休息的时候聚会、参加公共活动或者锻炼也会来此处。商业场所的功能从单一的消费活动扩展为多元的市民活动，甚至形成了市民活动为主导的局面，支撑市民活动的消费行为也因市民活动的兴盛而日趋繁荣（图2.15）。

图 2.14 江苏盐城中南城购物中心活动照片

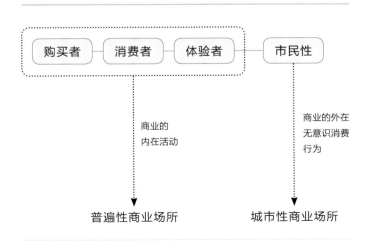

图 2.15 消费者的不同状态和场所的关系

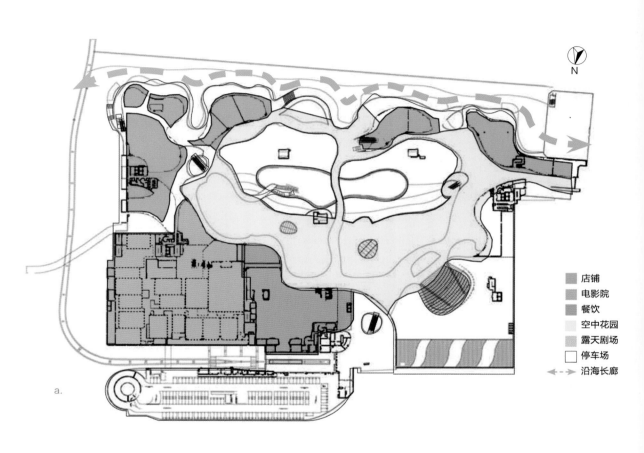

a.

店铺
电影院
餐饮
空中花园
露天剧场
停车场
沿海长廊

b.

c.

d.

e.

f.

a．怡丰城功能平面图，第三层是向市民开放的露天空中花园，围绕花园布置有影院、餐厅、零售等业态

b．怡丰城街景透视，面朝城市的一侧采用了竖向波浪状的表皮，使其呈现出的城市形象鲜明而极具特色

c．面朝海滨美景的层层退台使怡丰城成为市民们乐于停留的休闲场所

d．怡丰城蜿蜒流曲的滨海景观长廊

e．空中花园一侧的户外剧场，为公众提供了良好的活动场所

f．空中花园上连接各区域的特色景观走廊

图 2.16　新加坡怡丰城

2.2.5
具有多样化的土地功能和物业组成

　　一个有活力和影响力的城市性商业场所，必定囊括了多样化的土地功能，即便是单一项目，也融合了多种物业构成。项目的主要功能也并非只有商业，以剧场、会展、交通等功能为主的商业场所会越来越多。这即是通常意义上的一站式消费场所，其目的是为了拉长人群的消费时间，实现聚集效应和多样性的互动互补功能。如宁波城投置业江湾城项目，整个用地被上位规划切分为面积相当的 13 个小地块，由商业用地、住宅用地、公园用地、文化用地等构成，含有商务、居住、购物、餐饮、文化、展示、展览、运动等物业功能，即将成为宁波最具活力的商业场所之一（图 2.17）。

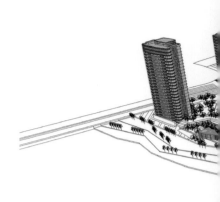

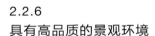

2.2.6
具有高品质的景观环境

　　高品质的景观环境是城市性商业场所的保障，更多关注的是近人尺度的硬件环境塑造，是城市性商业场所充满活力的源泉。通过景观小品、广场、绿化、材质、细节、纹理、灯具、标识等景观元素，创造与整体场所精神相匹配的景观特质。如香港 K11 购物中心，在商场每层放置了多件艺术品，艺术品涵盖了座椅、天花挂饰、外墙装饰以及巨型雕塑等，共同营造了 K11 的艺术氛围。北京的侨福芳草地，整个购物中心仅达利的雕塑就达 41 件[17]，它们与建筑相融合，散发出属于侨福芳草地的独特气息。

　　独特的个性和可识别的元素，造就了高品质的景观环境，是城市性商业场所的符号和记忆象征，如香港朗豪坊前广场区的景观雕塑、日本六本木新城中心的蜘蛛雕塑、新加坡 ion 入口的豆蔻雕塑等（图 2.18）。

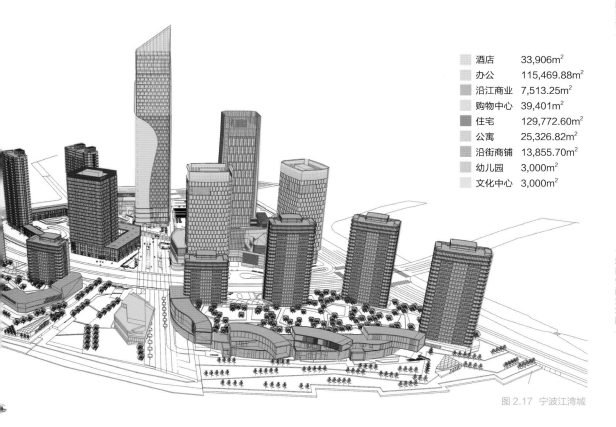

酒店	33,906m²
办公	115,469.88m²
沿江商业	7,513.25m²
购物中心	39,401m²
住宅	129,772.60m²
公寓	25,326.82m²
沿街商铺	13,855.70m²
幼儿园	3,000m²
文化中心	3,000m²

图 2.17　宁波江湾城

图 2.18　商业场所中具有独特个性的室外雕塑

图 2.19 虹口龙之梦鸟瞰

2.3
商业场所城市性要素构建的应用
Construction of Urban Elements in Commercial Place

商业场所依赖其所处的城市区位、城市文脉、城市能级和周边交通等来形成独特的场所特性，同时通过自身丰富的业态构成、多样的公共空间和极高的公众参与度等来促进城市功能的升级、带动城市经济增长、提高市民生活品质。因此，在满足场所商业功能的前提下，充分考虑上述五个基本条件是营造出具有良好特性的商业场所的必要条件。在商业场所设计中，如何构建或应用城市性要素，极为关键。

上海虹口龙之梦购物中心坐落于上海市虹口核心区，与著名的虹口足球场、鲁迅公园隔街相望。基地四面临路，南起花园路，东临西江湾路，北靠同煌路，西至中山北路内环高架。基地东侧是轻轨 3 号线虹口足球场站，东南角沿花园路是地铁 8 号线虹口足球场站。是集合地铁站、轻轨站、公交车终点站、出租车站为一体的大型城市公共交通换乘枢纽，同时也是集合零售、餐饮、影院、超市、百货、会展、办公等众多物业为一体的商业综合体项目（图 2.19- 图 2.21）。

图 2.20 虹口龙之梦街角实景

图 2.21 虹口龙之梦室内中庭

1. 公共空间性构建

图 2.22 虹口龙之梦通向轻轨的连廊

在城市外部空间上，虹口龙之梦在基地东南角结合购物中心出口设置了约 1100m² 的入口广场，与鲁迅公园遥相呼应，整体上是对城市公园景观的延续。建筑退界在北、西、南侧达 11m，东侧达 17m，为营造良好的景观系统提供保障。

在商业内部空间上，B2 层的地铁一票换乘系统置于购物中心内部，与南北两个中庭系统相连，将原本属于交通部门的设施引入商业，实现地铁人流、轻轨人流、购物人流的交融和汇集，跨层扶梯本身也给使用者、消费者独特的空间感受。同时在六层设置层高为 10m 的展览大厅，可用于

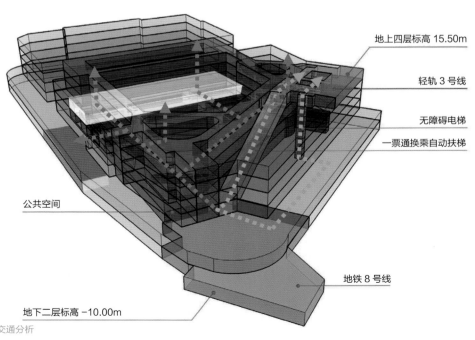

地上四层标高 15.50m

轻轨 3 号线

无障碍电梯

一票通换乘自动扶梯

公共空间

地铁 8 号线

地下二层标高 −10.00m

　图 2.23 虹口龙之梦交通分析

举办大型的展览活动。它把便捷的内部交通与设施齐全的办公楼、餐饮相结合，形成最具活力的会展经济，带动整个地区的繁荣。

2. 交通便利性构建

虹口龙之梦购物中心的最大特质是对于外部交通便利性构建，地铁 8 号线和轻轨 3 号线在购物中心内部通过一票换乘系统来实现，起到良好的示范性作用。设置 6 条公交站点，每个站点配备 3 个公交车位，极大地方便了消费者、市民的使用和出行。购物中心在地上三层设置连廊与虹口足球场进行连接，实现体育建筑与商业建筑的无缝对接，方便人流进入商业空间。购物中心在地上四层通过连廊与轻轨 3 号线直连，直接导入轻轨人流，同时轻轨人流可通过跨层扶梯直达地铁 8 号线（图 2.22、图 2.23）。

3. 城市特质性构建

虹口龙之梦设置两栋 145.9 米的甲级办公楼，是北上海地区的地标性建筑和都市现代化生活代表，在整个区域中，不仅体量大，建筑造型也较为独特，在规模、业态、造型、位置等方面有着明显优势，极大地提升了虹口区的城市形象，为逐渐衰落的四川北路商圈注入了新的活力和希望。

办公塔楼的横向玻璃幕墙和竖向条状铝板交错设置，几种不同质感的材料将购物中心立面垂直地分成若干四边形，配合随机出现的广告灯箱和玻璃窗洞构成极富雕塑感的立面风格。通过良好的夜景照明设计，随时变幻着绚丽的色彩，为夜晚的虹口增添一份浓重的商业氛围。

4. 功能多样性构建

虹口龙之梦购物中心总建筑面积约为 27.4 万㎡。地上建筑面积 15.2 万 m²，地下建筑面积 12.2 万 m²，是北上海最大的购物中心之一，是集百货、零售、超市、餐饮、影院、会展、娱乐、办公等众多物业为一体的复合型商业。同时结合虹口足球场、地铁、轻轨、公交站等城市设施，共同构建极具示范性作用的大型城市化交通枢纽综合体（图 2.24）。

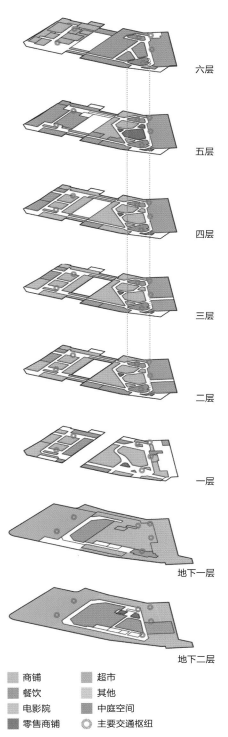

六层

五层

四层

三层

二层

一层

地下一层

地下二层

▨ 商铺		▨ 超市	
▨ 餐饮		▨ 其他	
▨ 电影院		▨ 中庭空间	
▨ 零售商铺		◎ 主要交通枢纽	

图 2.24 虹口龙之梦业态分析

2.4
城市性商业场所之于城市的作用
The Role of Urban Commercial Place in the City

2.4.1
引擎效应

城市性商业场所由于其所处的区位、独特的业态构成、反映城市文脉、具有大量的公共空间而成为城市的"活力点"，吸引并带动周边区域的城市功能升级，集聚相同或不同类型的商业物业共同分享引擎效应带来的红利。特别是对那些需要产业升级和更新的城市，效果尤为明显，以核心项目的契机带动本地区和周边地区的产业升级和城市的活力再现，成为推动城市经济发展和形象建设的强劲引擎。如成都环球中心、日本六本木、迪拜 Mall、香港圆方广场、美国霍顿广场等，都是以综合性、地标性、时尚性、商务性、旅游性为特点，吸引知名商家、企业入驻，成为项目区域物业价值最高，租金回报率最诱人的"超级引擎"（图 2.25）。

2.4.2
社会效应

城市性商业场所在物业构成上具有零售、办公、娱乐、居住、教育等业态，自身运营创造大量的就业机会，同时促进并带动周边区域的社会就业。深圳万象城开业以来，随着客流量不断地增长，取得极佳的业绩的同时为社会直接就业提供 8000 多个工作岗位。[18]

多样化物业构成也带动周边区域生活方式、消费习惯、工作环境等的转变。如日本的格林木购物中心，精心研究吸引特殊群体客户，为了使职业女性们做饭、上班两不误，在食品超市推出切块蔬菜，受到当地主妇们的青睐，产生了良好的社会效应和品牌影响力后，吸引了更多的居家人士，特别是有子女的家庭女士前往。运营商业的社会性本质是对社会需求的准确判断和创新，在营造良好的社会效应的同时，影响并引导了当地人们的社会生活方式和消费习惯。

2.4.3
经济效应

城市性商业场所的活跃为城市贡献持续税收，创造具有吸引力的投资环境，促成城市新形象的树立，吸引地区发展商的投资，进而带动更大范围的税收增加。近年来，我国城市综合体项目对带动城市经济和提升城市形象品质起到了一定的作用，如深圳的华润万象城等地标项目已成为耀眼的城市名片。资料显示，深圳万象城在 2007 年的营业额约 26 亿元人民币，占罗湖区 GDP 的 6%，2014年营业额约 62 亿元人民币。[19]

2.4.4
城市空间

城市性商业场所大多占据城市的主要地段，其城市形象、环境品质、建筑特质的优劣决定城市空间的优劣。因此，城市性商业场所的空间构成、建筑特质、周边环境、人性化建设等是对城市空间功能的弥补、重塑、升级。通过有特色的街道、广场、建筑，以及独具个性的艺术景观、公共场所、公共建筑群等营造让人流连忘返的空间印象。优秀的城市性商业场所集合了城市有形物质文化的积淀、无形精神特质的传承和多彩市民生活的演绎，三者共同构筑了城市空间的活力。位于上海市淮海中路繁华地段的上海新天地，在改造当中保留了上海传统的城市街区肌理和老式石库门的里弄空间，将原有的居住功能转变为各色高档的中外餐厅、咖啡座、艺术展览和专卖店等，赋予它新的商业经营价值，从物质空间和精神格调上共同打造了海派文化的风韵（图 2.26）。

图 2.25 成都环球中心

图 2.26 上海新天地

2.4.5
城市交通

城市性商业场所是步行交通、机动车交通、公共交通等组成的复合交通空间。对于商业而言，交通是一把"双刃剑"。一方面，通过营造适宜的空间环境设置更多的步行交通，能带来大量的城市人流，增加商业的活力。但另一方面，规模庞大的商业场所本身也会产生和吸引巨大的城市车流和物流前来聚集，为城市交通带来更大的压力。如武汉鄂旅投人信汇城市综合体项目，位于两条主干道的交叉口处，这里一直是城市交通的拥堵地段。该项目有近百万方的规模，约有 1.2 万辆的机动车停车量，如果处理不当将有可能对当地交通带来更为严重的影响。因此在车流规划设计中，通过将整体地块划小的方法，在基地内设置若干支路提供给城市来疏散车流缓解压力，提高项目的车行便利程度；同时在人流组织设计中，通过设置空中连廊的方式，将基地内部的各建筑连接起来，减小人流和车流的交叉，为人们提供安全而舒适的消费环境（图 2.27）。

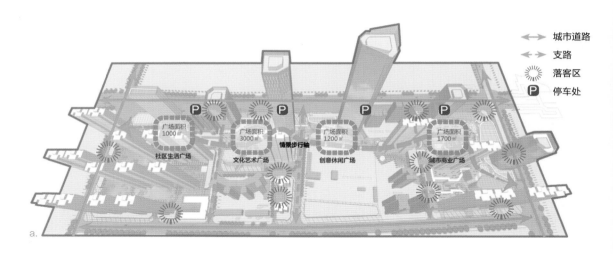

a: 武汉鄂旅投人信汇城市综合体在总体规划设计中, 通过将整体地块划小、设置若干支路和合理规划落客区等方式来引导本地块车流并缓解城市拥堵压力

b & c: 用公共平台和空中连廊等方式连接各地块的建筑, 打造人车分流的多层次立体交通系统

d: 项目不仅为城市提供了具有活力的商业场所, 也创造性地舒缓了该地块的城市交通压力

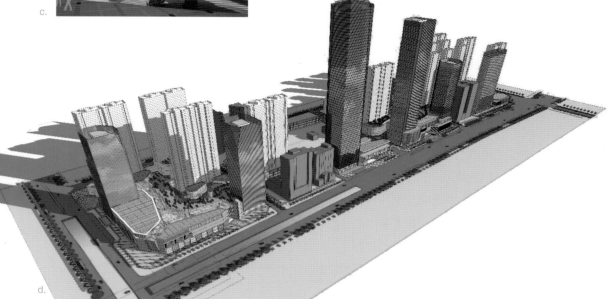

图 2.27 武汉鄂旅投人信汇城市综合体

参考文献

p33　　16／（意）毛里齐奥·维塔编著．曹羽译．捷得国际建筑师事务所．北京，中国建筑工业出版社，2004

p44　　17／凤凰房产综合．凤凰网．http://house.ifeng.com/detail/2014_08/47914717_0.shtml

p50　　18／搜房网．房天下网．http://m.fang.com/newsinfo/ts/469112.html

p50　　19／罗嘉欣．赢商新闻网．http://m.winshang.com/news2780107.html

商业场所特性中的记忆性和归属性能维系社会成员的文化共享，增加人们对场所的情感共鸣，让人们多次持续性地光临该场所。通过场所的特性来再现历史、文化和记忆等，使场所产生的意义与人们的心理状态吻合能支持人们活动时的情感，进而产生归属感。商业场所中的归属感能使场所中的购物行为稳定地形成一个常态，并得以延续。

具有记忆、
归属性的场所
Commercial Place
with Memory and
Belongingness

3.1
记忆性、归属性对商业场所的意义
The Significance of Memory, Belongingness to the Commercial Place

3.1.1
商业场所的特殊性

    商业场所是购物行为发生的场所，它的特点是需要大量的、持续的、非常驻的人流支撑。为了引导和维持消费行为的发生，它需要创建一种人与空间的即时认同关系，让人们获得对商业空间的归属感。

    随着电商的日益普遍，人们获得商品的渠道更加多元，一个仅满足购物需要的地点已不是不可或缺。商业场所的特性决定它不是"一次性"的场所，需要消费者能够多次、持续的到来，因此，商业场所需要承载人们更高精神层次的需求。

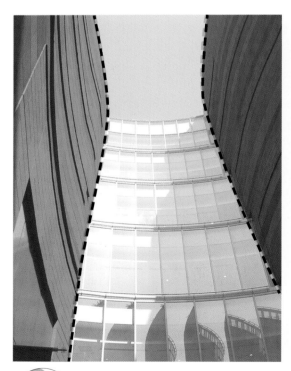

瀑布意向：用玻璃幕墙层层叠进的设计手法，营造出瀑布流水跌落的意向

峡谷意向：利用狭长空间的高宽比和两侧实墙面不规则的进退关系，营造出自然峡谷的空间特色

3.1.2
记忆性、归属性与人流的关系

建筑是凝固的城市记忆，这一属性在商业建筑中同样能够得到体现。记忆性和归属感是城市记忆的重要组成部分，是人们源自内心的渴求，这种感受是一种身体力行的体验感，必须在实际的场所中才能够获得，是任何虚拟的、数字化的场景无法替代的。

商业场所特性中的记忆性和归属性源于人对商业场所的价值认同和价值互动，在购物的过程中形成心理上的回应和情感共鸣。通过再现历史文脉、自然景观、文化象征、生活方式、艺术科技等，使场所产生的意义与人们的心理状态吻合，让场所中的购物行为能够稳定地形成一个常态，并得以延续，这是商业场所能够持续发挥活力的重要因素。例如日本的难波购物公园，由于项目周边缺少公园等绿化设施，因此在设计时把峡谷、森林等自然元素融合到商业中来，回应人们对大自然的内心渴望，唤起人们的记忆和归属感（图3.1）。

图 3.1
难波公园意向分析

森林意向：屋顶花园用台阶和露台打造山体空间，种植上多样而繁茂的花木植被，在城市中营造出森林的自然意境

3.2
具有记忆性、归属性商业场所的塑造
Making Memory Attribution of
Commercial Place

在商业的语境下营造一个具有记忆性、归属性的场所，需要有意识地对人们消费过程中的生理和心理需求、行为规律、活动的特点、持续的时间以及使用频率等进行分析，并根据这些需求给予相应的回应方式。因此场所的构成不仅包含物化的空间，同时也包含大量非物化的要素。各种要素通过不同的方式影响人们的认知，实现方式也各不相同，共同构成具有记忆性和归属性的商业场所。

3.2.1
场所记忆性、归属感构成要素

塑造一个具有记忆性、归属性的商业场所应同时具备物化和非物化的价值认同，按照从物化到非物化的程度，可分为三个组成要素，分别为物理空间、文化植入以及服务运营。

物理空间体现的是商业场所的空间舒适度，是通过物化的手段实现人的生理认同感。它是商业场所的肌肉与骨骼，为消费者提供舒适的物理环境。它包含了商业场所的组织、材料、审美以及微环境的打造。

文化植入体现的是商业场所的价值认同度，是通过物化的手段实现人的心理认同感。它是商业场所的性格与品质，能够最大的唤起消费者的心理回应和情感共鸣。它包含文化遗存、文化延伸以及文化拓展三种不同的方式。

服务运营体现的是商业场所的消费满意度，是通过非物化的手段实现人的心理认同感。它是商业场所的血脉，是商业场所保持活力的保证。它包含服务和运营两个板块。其中服务主要满足消费者对舒适、私密、身份、交流、共享等心理需求。运营主要负责商业的统一营运、推广、招商、管理等，满足消费者对安全、卫生、品牌、信息的需求（图3.2）。

图 3.2　有归属感的商业场所构成　　47

3.2.2
各构成要素的实现方式

1. 物理空间的实现

物理空间是物化的空间，是人们对商业场所的第一印象，是对空间的直观感受（空间的宽窄、高矮、长短、明暗、冷热、曲直等）。人们通过各种感官捕捉场所的环境特征，通过观察空间及其实体元素、感受氛围和微气候等来获取商业场所的信息，并对场所产生初步的认识。因此，物理空间是可以量化的，它可以通过对人的生理、心理、行为等进行科学分析，通过缜密的公式计算、逻辑推理等得到经验、数据的结果。是通过对功能的组织、材料的选择、审美趣味以及微环境的控制来实现的，例如日本的东京中城商业综合体（图3.3），商业动线及公共部位全部使用地毯及木地板作为铺地，装饰中也大量使用木材等温暖柔软的材料，在购物的过程中，唤起人们对家庭温馨、宜人的家居氛围的记忆；同样，在浦东嘉里中心亦是如此。

图3.3 东京中城商业综合体

为减少设计中重复性的研究，避免设计硬伤，保证物理空间的舒适度，很多成熟的商业开发企业通过多个项目的实践，得出大量的经验数据，以设计手册的方式对设计中常用的数据进行量化，把很多设计数据都固化下来，作为设计的指导标准，例如：广场大小、动线的长度、宽度控制、中庭尺度、扶梯位置等。按照这些手册的要求，基本上能够保证物理空间的舒适度。华润的万象城系列对物理空间的研究及实践都是比较成熟的，动线尺度、中庭大小、扶梯设置、微环境调节等都控制得比较好，打造出了高品质的购物环境（图3.4）。

图3.4 深圳万象城中庭

2. 文化植入的实现

文化植入是在商业场所的塑造过程中，通过遗存、布景等方式把文化元素植入到商业中去。消费者通过感官获得大量的文化信息，经过大脑的思考、回忆、联想等，获得对于文化的认同。这种文化认同有可能是人们熟悉的、植根于记忆中的，也可能是完全异化的、存在于想象中的。文化植入主要是通过文化遗存、文化延伸和文化拓展的方式实现的。

图3.5 思南公馆

1. 保留石库门建筑
2. 餐饮建筑
3. 咖啡休闲建筑
4. 办公建筑
5. 精品酒店
6. 其他保留建筑

图 3.6　上海十六铺老码头改造前后

1）文化遗存

文化遗存是利用现有的历史文化资源，给本身就具有记忆性、归属性的场所赋予商业属性。历史遗留物可以是老建筑，也可以是任何具有历史印记的事物，人们与其共处的时光所留下的痕迹，成为其潜在的场所特性，也是城市记忆的最佳载体，它能够唤起人们对城市历史的回忆和共鸣。

因此，需要把历史遗留物创造性地融入新的建筑中去，让它成为唤醒记忆的钥匙而存在。这种设计方法和古建筑保护的概念是有所区别的。历史遗留物在商业场所中并非处于主导地位，而是商业场所特性的重要组成部分，通过创新的方式赋予它商业内涵，改变原有的建筑属性，成为具有记忆性和归属性的商业场所。

对于历史遗存的保留，根据程度的不同，大体上可以分为修缮性保留、部分表皮保留、肌理符号保留等。

其中修缮性保留主要针对现状较好、有历史价值的老建筑。这类商业场所最大限度地保留了城市原有的记忆，但是因为遗留建筑的空间布局和功能限制较大，商业的自由度相对较小。例如上海的思南公馆，保留有多座历史悠久的花园洋房，总体规划中基本保留了建筑原有的空间布局和场所氛围，单体建筑的立面造型也基本沿用了老洋房原有的工艺做法，但是内部功能已经完全改为商业、酒店和公寓等用途，在保留了场所记忆性的同时获得了新的生命（图3.5）。

部分表皮保留主要针对现状一般、历史价值不明显的建筑，仅保留部分保存较好的表皮，大多数建筑都需要进行大幅的改建或扩建，但是改扩建部分仍然要尊重基地原有的文脉及肌理，商业的自由度较大。在这样的商业场所中人们看到保留的元素，通过回忆和想象，可以再现从前的场景，从而获得记忆性和归属感。例如上海的十六铺老码头项目，对保留现状不好的建筑进行了拆除，保留较好的建筑也进行了较大幅度的改造，建筑的属性也已经是完全商业化的，但人们仍然可以想象得到基地原有的场景（图3.6）。

肌理符号保留是保留部分建筑甚至部分符号，使人们在潜意识中建立起与历史的联系。这类保留方式以新建建筑为主，因此商业的自由度大。例如墨尔本的中央购物中心，在中庭保留了一个子弹制造厂及其塔楼，在这里历史建筑仅仅是作为一个符号性的存在，已经失去了原有的实际功能和空间联系，是对历史的致敬（图3.7）。

2）文化延伸

文化延伸是根据消费者的兴趣、爱好、年龄、知识和教育背景以及社会角色等因素，确定与之相对应的主题鲜明、个性独特的文化植入内容，利用隐喻、暗示、再现、布景的方式来体现文化元素，让消费者在购物的同时受到文化的冲击，唤起人们对特定生活经历的回忆和共鸣。

文化的延伸在表达方式上是比较多样的，既可以采用比较抽象的隐喻、暗示的方式，也可以是非常具象的布景、再现的方式，例如香港的圆方购物中心，采用的就是比较抽象的方式。因为香港的风水文化非常盛行，所以购物中心中的不同的区域分别以金、木、水、火、土五行进行命名，把中国传统风水文化巧妙地融合到商业场所中去，得到了人们的普遍文化认同（图3.8）。

又如武汉青岛路项目采用的就是比较具象的方式，主动线上采用了布景的方法，通过大量还原英伦风情建筑，将室内做法室外化，重现了汉口英租界区的百年风貌，唤起人们对老汉口的回忆和探索欲望（图3.9）。

文化延伸在文化内容选择上是比较多元的，可以是反映当地文脉、历史、生活方式的，也可以是完全异化的。例如在沈阳城开中心的设计过程中，考虑到东北气候寒冷，人们充满了对热带气候的憧憬，所以在中庭里设计了热带植物园，创造了一个对当地消费者非常有吸引力的商业场所（图3.10）。

文化延伸的商业场所从根本上来说仍然是传统的商业场所，商业仍然是场所的主体，文化元素只是作为空间的主题以及营销的概念和手段，目的是促进购买行为的发生。

3）文化拓展

文化拓展型商业场所的特点是采用"以游带购，以玩带购"的方式，在人们的消费活动中"买"的需求不再是主体，文化体验成了消费主导因素。它依托于一套成熟的文化产业链，以文化为主要线索，通过一系列的建筑空间把这些传统及非传统的业态整合起来，各业态之间相互促进，互为依托。

与传统商业场所的不同之处在于：

（1）传统商业场所是以消费者的购物习惯作为设计的逻辑，体现在物理空间上就是以建筑的布局作为核心。而文

图 3.7　墨尔本的中央购物中心

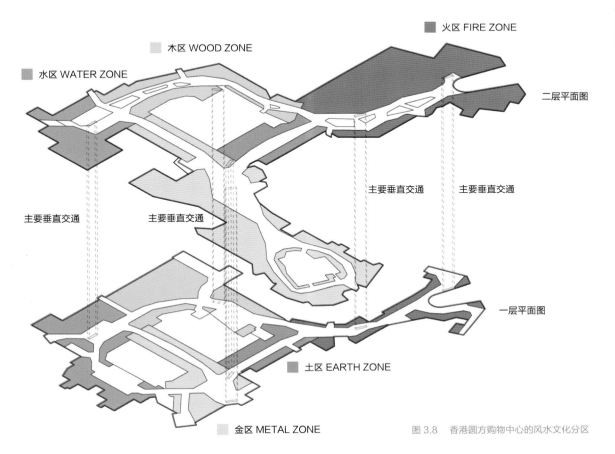

水区 WATER ZONE

木区 WOOD ZONE

火区 FIRE ZONE

二层平面图

主要垂直交通　主要垂直交通

主要垂直交通　主要垂直交通

一层平面图

土区 EARTH ZONE

金区 METAL ZONE

图 3.8　香港圆方购物中心的风水文化分区

化拓展商业场所是以文化和生活方式作为设计的逻辑，用文化提升和固化建筑价值，把文化的体验和消费作为核心。

（2）传统商业场所具有明显的区域性特点，覆盖范围是以商业为中心的周边地区消费人群，而文化拓展型商业是以文化作为核心竞争力，吸引全国甚至世界范围内对文化有兴趣的消费者。

与文化延伸商业场所不同之处在于：

（1）文化是整个商业场所的主要引领者，体现在调研策划、建筑设计、园林景观、营销体系、物业服务的全过程之中。

（2）文化不再是营销的概念和手段，而是整个项目的精神和价值的核心，消费是在文化体验的过程中产生的。

（3）文化与商业空间是共生关系而非从属关系，文化元素在商业空间中不仅是布景或者作为主题存在，它是空间的构成要素、视觉中心，同时也可以作为商品存在。

目前比较常见的文化拓展型商业场所可分为历史文化、主题娱乐、创意艺术、影视演艺等几种类型，相应形成以文化、旅游、娱乐、养老、休闲、创意园等为核心主题的商业地产。如万达从城市综合体的代系产品发展到"文旅综合体"，通过旅游和文化植入打造主题公园，商业从项目主体变成其中的一部分。其在天津、合肥、南昌、武汉等城市都

a. 设计手绘图

b. 英伦风情商业街

图3.9 武汉青岛路项目

a.

b.

a. 沈阳城开中心在中庭里设计了
热带植物园，迎合了当地人们对异
域文化体验的期待

b. 沈阳城开中心的外观造型设计
也给人们带来一种别样的文化体验

图 3.10 沈阳城开中心

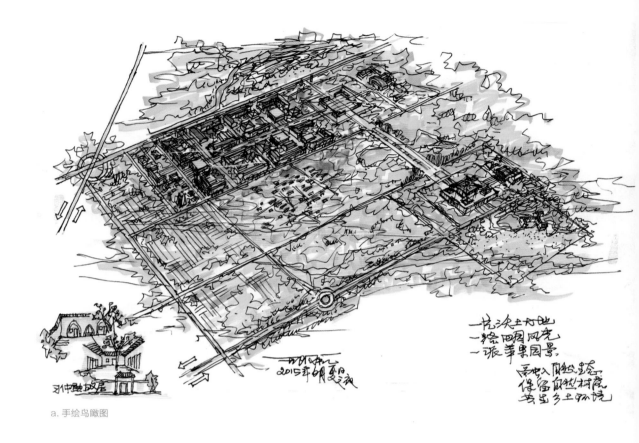

习仲勋故居

2015年6月夏日夜

一抹浅土大地
一幅田园风光
一派华果园景

景色入园观赏
佳客自然相度
美生多土物院

a. 手绘鸟瞰图

c. 传统与现代风格的融合

【建筑风格-汉唐古韵】
Architectural style

【建筑风格-传统商街】
Architectural style

【建筑风格-新中式时尚区】
Architectural style

陆续打造了规模庞大的文旅综合体。

　　历史文化商业依托于当地的历史文脉、特色建筑、地域特点等，例如陕西富平荆山农业文明中心，以富平当地的荆山文化、秦腔文化、陶艺文化和红色爱国主义文化等作为特色文化体验，以传统的棋盘式网格街区布局和当地的建筑风格作为特色空间体验，共同打造出极具富平特色的旅游商业小镇，使人

立面示意

传统与现代对话
历史与当代延续
围合与开放结合

于2015年6月夏日之夜

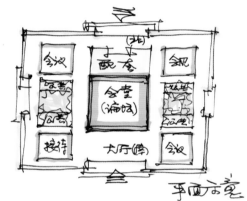

平面示意

b. 中心论坛设计手绘图

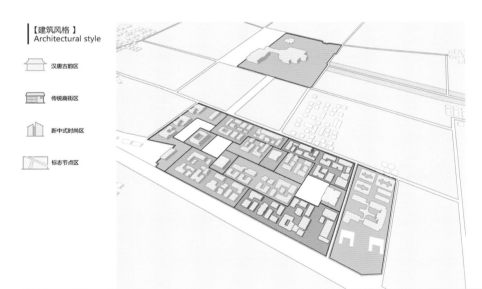

【建筑风格】
Architectural style

汉唐古韵区

传统商街区

新中式时尚区

标志节点区

d. 建筑风格规划图

图 3.11 陕西富平荆山农业文明中心   55

a. 银川永泰城效果图

们在对富平传统文化的体验过程中进行娱乐和消费（图 3.11）。

休闲娱乐商业以主题乐园、旅游景点等作为文化体验的内容，例如银川永泰城，结合购物中心设计了一个室内主题乐园，以大量的特色游乐设施和娱乐主题文化作为文化体验，结合娱乐主题周边产品的销售，以及餐饮和休闲业态等，共同构成完整的娱乐地产商业链（图 3.12）。

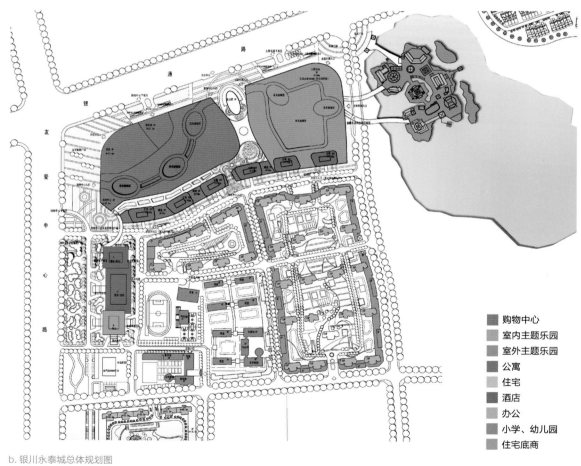

购物中心
室内主题乐园
室外主题乐园
公寓
住宅
酒店
办公
小学、幼儿园
住宅底商

b. 银川永泰城总体规划图

图 3.12 银川永泰城

创意艺术商业以创意、艺术、展览等作为吸引人流的动力，例如兰州东湖国际广场，结合购物中心的多个主题中庭空间陈列了大量的体现当地水车文化、黄河文化等意向的创意艺术作品，更通过举办不同的艺术展览和演出活动等，把艺术完全融入商业场所之中。让大众休闲或购物的同时，透过多种类型的多维空间体验到不同的本地艺术作品及表演（图3.13）。

影视演艺商业把人们平时不常接触的影视和演艺文化与商业结合起来，例如天津远洋地产青春影视中心，以影视演艺作为主导，以"青春与时尚"作为主题，设置了影视文化中心、音乐厅和射击馆等主题功能，并用步行商业街的模式把它们进行串联，打造了天津空港地区的游憩新地标，实现了影视演艺活动对商业消费的巨大推动（图3.14）。

文化拓展型商业可以在一定程度上打破传统商业一些僵化的、模式化的布局逻辑，因此它的空间布局可以更加灵活，特点更加鲜明，差异化更加明显，在这样的商业场所中，消费者在体验的过程中更容易产生记忆性和归属感。

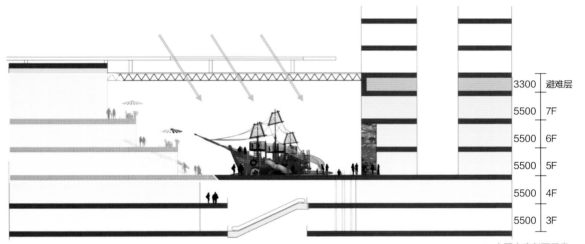

3300	避难层
5500	7F
5500	6F
5500	5F
5500	4F
5500	3F

a. 主题中庭剖面示意

b. 无演出时可设置海洋主题游乐设施，给孩子一个游玩的空间

c. 有演出时把看台拉出，成为一个空中小剧场

图3.13 兰州东湖国际广场创意艺术商业空间

a.

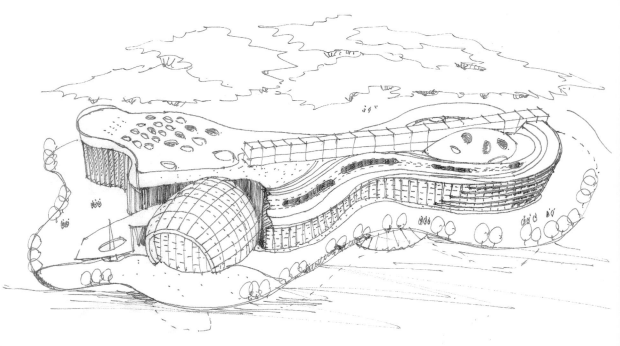

b.

c.

a：天津远洋地产影视中心傍水而立，是一个将影视中心和商业、公寓、
　　住宅等业态相融合的多元化地产项目
b：天津远洋地产影视中心概念设计手绘草图
c：影视中心热闹的商业街体现了其"青春和时尚"的主题
d：影视中心具有文化创意气息的滨水建筑设计

d.

图 3.14　天津远洋地产青春影视中心

3. 服务运营的实现

服务和运营是商业场所的软件部分，它所产生的记忆性和归属感不能通过感官直接获得，而是通过人与人之间的交流、感受和互动来获得。

服务是商业场所中对消费者的人性关怀，好的服务可以让消费者在购物过程中得到诸多便利的同时，获得温馨、身份感、被尊重的感受，从而产生归属感。

伦敦 WESTFIELD 购物中心也非常的人性化，提供不提袋服务，购物后可直接送至家中，减少购物中的负担，在餐饮及主力店区域设置手机寄存充电设备，让消费者在购物过程中没有后顾之忧（图 3.15）。

运营是根据不同商业项目的规模、业态和定位，导入适宜的商业管理模式，对商业项目进行全面、有效的经营管理。好的运营能够让商业长时间保持好的状态，给消费者和商家带来持久的良性发展。例如上海恒隆广场通过打造高端的商业品质来获得稳定的租金回报，进而能不断提升自己的商业价值，同时也使恒隆广场成了上海城市标志性的高端购物场所。

图 3.15　伦敦 WESTFIELD 购物中心的
手机寄存充电设备

图 3.17　衡山坊入口

3.3
衡山坊
Hengshan Fang

作为上海徐家汇的后花园，衡山坊地处徐家汇核心商圈边缘，紧邻衡山路－复兴路历史风貌区，闹中取静，地理位置优越（图3.16）。整个项目地块占地5670m²，建筑面积7,787平方米，由11幢独立的花园洋房和两排典型的上海新式里弄住宅组成（表3.1）。通过对这些老建筑重新进行整体规划上的梳理和立面上的改造，引入商业、艺术、办公等开放性功能，让人们能在此处一隅窥探海派文化的历史精髓（图3.17）。

1. 物理空间

衡山坊始建于20世纪30、40年代，是上海近代海派民居的典型样本。其北侧是两排上海新式里弄住宅，南侧是11栋独立的花园洋房（图3.18）。在衡山坊的整体规划改造中，充分尊重了场地原有的格局和肌理，根据里弄街巷的特点规划出井字形的街区布局，将街区内的商铺面宽与街道宽度之比控制在0.8-1.2之间，让人们在街巷中穿行时感受到老上海的空间氛围（图3.19）。同时，考虑到商业的连续性等特点，规划中拆除了原有搭建及破坏较严重的建筑，营造出舒适的内部广场及活动空间（图3.21）。此外，衡山坊沿天平路设置了多入口的口袋式广场，既重现了旧时上海居民喜聚于弄堂口，融洽的邻里生活公共环境，又能方便地将商业人流快捷地导入（图3.20）。

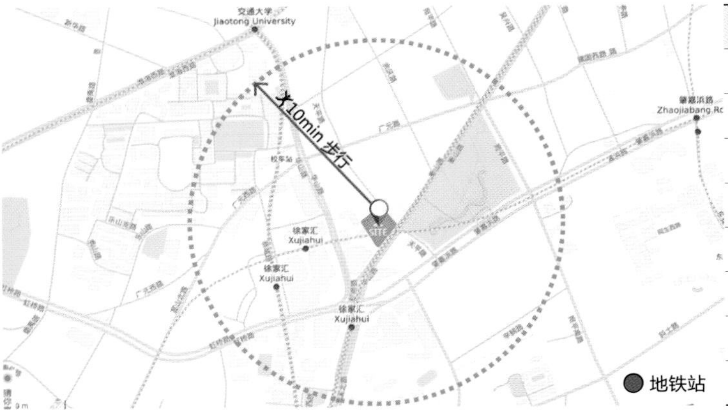

图 3.16　衡山坊区位图

表 3.1 上海衡山坊指标表

指标	数值	单位
总用地面积	5670	m²
总建筑面积	7787	m²
建筑基底总面积	3600	m²
道路广场面积	2070	m²
绿地面积	356	m²
容积率	1.37	
建筑密度	63.50%	
绿地率	6.27%	

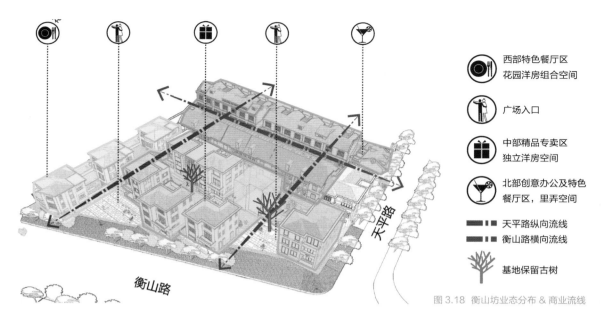

西部特色餐厅区
花园洋房组合空间

广场入口

中部精品专卖区
独立洋房空间

北部创意办公及特色
餐厅区，里弄空间

天平路纵向流线

衡山路横向流线

基地保留古树

图 3.18　衡山坊业态分布 & 商业流线

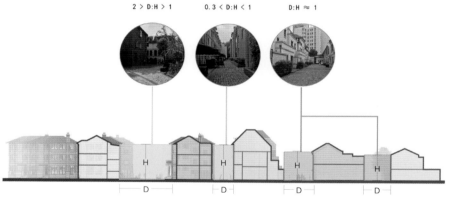

2 > D:H > 1　　0.3 < D:H < 1　　D:H ≈ 1

图 3.19　衡山坊街巷尺度

图 3.20　衡山坊多入口布局

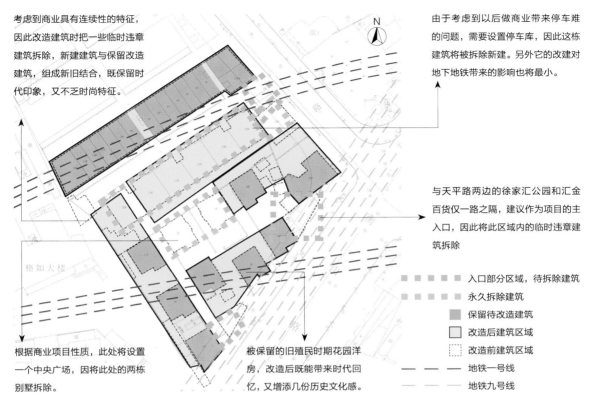

考虑到商业具有连续性的特征，因此改造建筑时把一些临时违章建筑拆除，新建建筑与保留改造建筑，组成新旧结合，既保留时代印象，又不乏时尚特征。

由于考虑到以后做商业带来停车难的问题，需要设置停车库，因此这栋建筑将被拆除新建。另外它的改建对地下地铁带来的影响也将最小。

与天平路两边的徐家汇公园和汇金百货仅一路之隔，建议作为项目的主入口，因此将此区域内的临时违章建筑拆除

格如大楼

根据商业项目性质，此处将设置一个中央广场，因将此处的两栋别墅拆除。

被保留的旧殖民时期花园洋房，改造后既能带来时代回忆，又增添几份历史文化感。

- 入口部分区域，待拆除建筑
- 永久拆除建筑
- 保留待改造建筑
- 改造后建筑区域
- 改造前建筑区域
- 地铁一号线
- 地铁九号线

2. 文化植入

衡山坊是上海旧房规划性改造项目的样本，这些老建筑和老街巷本身就是城市记忆的最佳载体，能够唤起人们对城市历史的回忆和共鸣。在规划设计中除了保留和传承了原有空间格局和尺度之外，还保留了原有基地内的两棵古樟树，延续了衡山坊原有的场所特征。

衡山坊街区的建筑色彩和质感被划分为两大类型：北部新里墙面采用浅黄色喷毛压花处理，南侧花园洋房外墙采用咖啡色喷毛压花处理，所有建筑的勒脚、窗套、檐口、墙面腰线采用斩假石工艺，使其完好地体现建筑的历史沧桑感。在建筑单体改造上，保持其原有体量、形体和立面特色不变，只是适度引入当代建筑语汇与商业元素，形成新老元素的和谐对话（图3.22）。

在景观环境的营造方面，衡山坊在广场上保留了取水的水井，还原当年人们的日常生活场景；在多个空间节点上使用老砖瓦、水缸等旧物设计造型新颖别致的景观小品，完美地将

原有建筑　　改造后建筑

图 3.21　衡山坊原有建筑改造规划

图 3.22 衡山坊北部新里实景

图 3.23 衡山坊复古而时尚的氛围

图 3.24 衡山坊绿墙音乐季

怀旧和时尚结合在一起；在铺地中嵌入会发光的铁轨，让人们循着历史的旧迹追溯往日的记忆（图 3.23）。

3. 服务运营

衡山坊凭借其特色的历史遗存和优越的地理位置将自身定位为海派风情的历史精品街区。在业态经营上，南部花园洋房以精品零售为主，北部新里布置有特色餐饮、艺术画廊和创意办公等，总共有 14 户商家，50% 的餐饮，30% 精品商业，还有 20% 是文化和服务式办公。它为徐家汇商圈注入了多文化艺术元素，并与衡山路 – 复兴路历史文化风貌区相得益彰，成为沪上独具魅力的城市慢生活街区。

为了体现其文艺小资的海派情调，衡山坊不时地举办手创集市、绿墙音乐季、圣诞平安夜活动和主题画展等，吸引人们前往体验，在活动和互动中让人们更容易产生对衡山坊的记忆性和归属感（图 3.24）。

兴奋性和可识别性是商业场所吸引人们前来的"引爆点"。商业场所往往需要通过营造多样变幻的和激动人心的购物环境带给消费者新鲜感和刺激感，突出自身特色，吸引客流。同时，兴奋点和可识别性也是商业领域差异化竞争的策略之一，用令人兴奋的主题形成特色鲜明的场所来增加客流，提升竞争力。

4

令人兴奋、
可识别的场所
Exciting, Identifiable
Commercial Place

令人兴奋、可识别的场所已成为商业空间中不可或缺的一部分。在商业地产日趋成熟和商业竞争日趋胶着的时代里，具有令人兴奋、可识别特征的场所能带来额外的加分，提高商业场所的独一性和竞争力。

在设计手法上，令人兴奋的、可识别的商业环境可以通过外部空间、内部空间和商业主题等方面的特殊化创新处理得以实现（图 4.1）。但需要强调的是，对于商业场所而言，它给人们带来的新奇感应该是建立在场所构建的完整性基础之上的——个性化和差异化的设计必须要在满足商业场所基本功能的前提下，才能真正给消费者带来认同感和归属感，形成可持续的、生态化的商业场所。

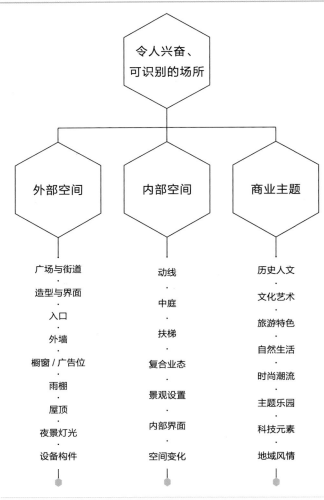

图 4.1　令人兴奋、可识别场所的实现要素

4.1
特征
Feature

对商业建筑而言，通过设计手法，营造令人兴奋、可识别的场所对于吸引人流进入并产生消费行为，同时结合商业运营的要求形成不一样的体验感，都有着非常重要的作用。一般而言，令人兴奋、可识别的场所应具有以下特征：

1. 完整性 具备开放性商业场所构建的基本条件和要素，如可达性、舒适性和体验感。

2. 新奇感 在满足实用等基本功能的前提下，场所能带来感官上的刺激，彰显个性化和差异化。

3. 认同感 运用建筑设计手段并结合商业运营要求，给消费者以强烈的、持续性的归属感。

长沙华晨世纪广场包含商业、办公、酒店、公寓等业态，以打造"城市名片"为基本出发点，以一根"红色的、舞动的线"为理念贯穿整个设计，运用石材、玻璃、LED等手段，通过建筑形体、入口空间和广场空间的塑造，形成独具特色的、令人兴奋的长沙商业新地标（图4.2、图4.3）。

图 4.2　长沙华晨世纪广场入口实景

图 4.3　长沙华晨世纪广场沿街效果

4.2
外部空间
Exterior Space

商业建筑需要通过对城市、广场、街道、造型界面等进行研究，对入口、外墙、橱窗、广告、雨棚、设备掩蔽等进行精细化处理，营造变幻多样的购物环境，形成令人兴奋的、可识别的场所，达到增加客流、吸引租户、提高物业本身品质感的目的。

4.2.1
广场与街道

商业建筑作为城市公共建筑的一部分，面临着如何合理有效地融入城市，为城市提供公共性场所的同时也实现自身商业价值最大化这一问题。这就要求设计师通过尺度、空间构成、材料运用、小品设置和商业气氛营造等方面设计令人难忘的空间节点，满足人们感官猎奇和体验新事物的需求。

德国索尼中心（Sony Center）位于柏林波茨坦广场北部的一块三角地上，由 8 座建筑构成，采用欧洲传统街区形式，以小方块体量作为城市建筑的基本单元。以一个椭圆形的中心广场为核心，向四周的城市街道辐射出一系列收放有序的步行街，建筑通过有效的路径组织和内外交融的空间序列，强化了公共空间的连续性和整体感，营造出良好的场所识别性（图 4.4）。

主张"城市既是剧场又是舞台"的东京六本木新城，将城市设计与项目设计相互结合，充分利用地铁交通和城市交通，采取园林设计立体化、整体设计趣味化的方式，在外立面上设计了层层退台空间，形成了独具"城市绿洲"特色的街道和广场空间，营造出令人兴奋、可识别的场所，满足了人们"看"与"被看"的需求（图 4.5、图 4.6）。

4.2.2
造型与界面

商业场所利用基本的建筑设计手法——体型塑造、对比、穿插、旋转、挖空、挤压和错位等，同时结合材料选型，打造独具特色的城市形象界面，形成激动人心的城市性场所。随着参数化建筑设计软件、建构技术的进步和新材料的涌现，为多元化建筑提供了更多实现的可能，从而出现了更多独具特色且极具吸引力的空间和场所。

瑞典马尔默市恩波里亚（Emporia）购物中心采用金黄色双曲面玻璃构成半开放式广场，结合室内灯光，大胆的色彩和弯曲的视线都给人以新奇的、兴奋的场所体验（图 4.7）。

德国法兰克福市的 My Zeil 商业中心，设计灵感源于地理现状，像一条河从高处蜿蜒流下，高低错落，连接城市的历史与未来。立面沿街部分收入一个巨大空洞，仿佛被吸入漩涡，该立面由让人眩晕的曲面玻璃幕墙组成，表面积接近 1.2 万 m² 。自然光穿过玻璃透进各楼层，加强了商场与城市、自然的互动（图 4.8）。

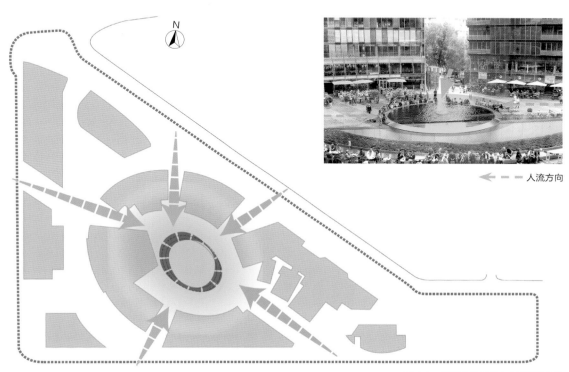

人流方向

图 4.4 德国柏林索尼中心椭圆形广场

图 4.5 六本木新城的立体化设计

图 4.6 六本木新城的层层退台空间

图 4.8　法兰克福 My Zeil 商业中心

　图 4.7　瑞典恩波利亚购物中心

4.2.3
入口

　　入口作为商业建筑与城市互动的关键点，对场所范围界定、吸引人流、营造商业气氛有着重要意义，在空间尺度、材料表达以及外观展示上应该予以重点考虑，使之成为产生良好的第一印象、吸引人流的重要昭示空间。

　　成都 IFS 购物中心沿红星路与春熙路入口通过设置下沉广场和直达 3 楼的扶梯，结合玻璃幕墙、金属广告位和铝板雨棚等设计，强调了场所感，烘托出不一样的商业气氛（图4.9）。

　　杭州万象城通过不同石材和玻璃的搭配，结合广告、LOGO、雨棚等元素，采用穿插、错位等设计手法，体现了项目本身的中高端特质（图 4.10）。

　　温州中心溢佰纷购物中心入口以钻石为造型意向，运用大面积折射玻璃结合点缀性的金色金属材料作为围合结构，营造出轻盈剔透的建筑体量感，既体现了入口的光彩夺目，也彰显了项目本身的高档奢华。同时，入口处还设置了通往地下一层的下沉广场，让整个空间层次更加丰富而有趣（图 4.11）。

　　在正荣长沙望城财富中心的设计中，商业街的彩色玻璃顶棚延伸至西侧入口处，通过树枝状柱子支撑形成时尚大气的入口灰空间，用一种欢迎的姿态将人流引入。商业街的东侧入口则采用层层退台的方式，结合外墙大面积穿孔铝板的水平向线条和直通二层的自动扶梯，营造了活跃而有层次的入口环境（图 4.12）。

图 4.9　成都 IFS 购物中心入口

图 4.10　杭州万象城入口

a.

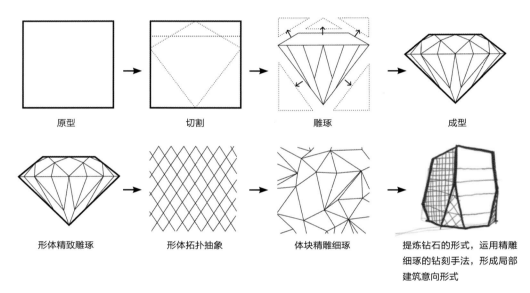

原型　　　　　　切割　　　　　　雕琢　　　　　　成型

形体精致雕琢　　　形体拓扑抽象　　　体块精雕细琢　　　提炼钻石的形式，运用精雕
　　　　　　　　　　　　　　　　　　　　　　　　　　　　细琢的钻刻手法，形成局部
　　　　　　　　　　　　　　　　　　　　　　　　　　　　建筑意向形式

b.

c.

d.

a. 温州中心溢百纷购物中心钻石版的入口造型
b. 形体生成构思过程图
c&d. 温州中心溢百纷购物中心效果图

　　图 4.11 温州中心溢佰纷购物中心

a.

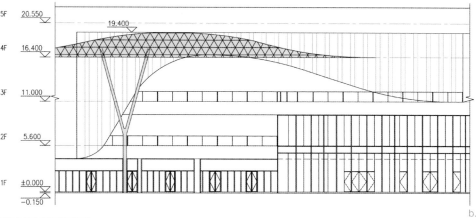

b.

a. 正荣长沙望城财富中心夜景鸟瞰图
b. 商业街玻璃雨棚立面设计图纸
c. 商业街玻璃雨棚在夜晚流光溢彩的
　灯光效果

c.

图 4.12　正荣长沙望城财富中心

4.2.4
外墙

目前，建筑技术逐步摆脱传统构图的束缚，异形元素逐渐成为商业建筑外立面设计的一个重要组成部分。材料与构造技术的日新月异和设计手法的不断创新，使商业场所令人兴奋和可识别的特质愈发凸显。

英国 Debenhams 百货外立面设计以"波浪"为主题，希望呈现一种全方位、可变的立面设计，当有风吹过，建筑外表面金属板能够顺应气流不断变换，营造出一种奇特的效果。该立面由若干小块的金属片组成，只固定住金属片的一端，起风时金属片的另一端就会随风前后摆动，整体墙面就这样形成了酷似波浪的外表面。墙面随着风的变化而不断变换外观，产生了波浪的视觉效果（图 4.13）。

宁波城投置业江湾城项目中的文化中心从设计到施工的全过程都采用了参数化的设计方法和技术手段。在造型设计上，文化中心具有流线型的时尚美感，其外墙以玻璃幕墙为主并点缀银色铝板，采用了复杂得多向曲线构成的网格作为设计元素，体现其造型的新颖和轻巧。在深化设计中，通过引入 BIM 技术精准控制每块玻璃的角点，完成了与幕墙施工图的对接，使得最终施工得以实现（图 4.17）。

4.2.5
橱窗 / 广告位

橱窗 / 广告位作为商品展示的窗口，采用别出心裁的构思，运用时尚元素，加上具有冲击力的色彩，就能在一瞥之下抓住人们的眼球，延长购物逗留的时间。橱窗 / 广告位的设置要考虑人体工程学的要求，要合理设计橱窗的高度和尺寸，并对商品展示的方式和灯光效果等进行综合设计。

橱窗作为外立面构成的重要组成部分，通过尺度放大和造型设计等手法，结合灯光、店招和色彩的变换，能够提高

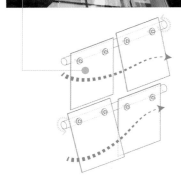

图 4.13 英国 Debenhams 百货金属立面设计

图 4.14 上海尚嘉中心橱窗

客流的消费欲望，打造出令人兴奋的场所。

例如，上海尚嘉中心的橱窗打破了以往方形橱窗的呆板形象，采用了简洁的圆拱状设计，与整体感极强的流线型建筑造型形成了夸张的呼应，让人印象深刻。橱窗内部结合Louis Vuitton、Chanel、Dior 等国际一线时尚品牌的广告设计，形成了统一而丰富的城市空间界面，充分展示出尚嘉中心的高端购物场所形象（图 4.14）。

4.2.6
雨棚

在商业建筑中，雨棚除了基本的防雨功能外，更为重要的是界定场所空间、营造场所氛围和创造商业标识性的兴奋点。

位于上海长寿路商圈的悦达 889 广场，通过计算机精密建模和计算设计出了"幻影云顶"，并运用三角形玻璃拼接形成了雨棚的自由形态。其独特个性、轻盈流畅的云顶式设计，将整个上海的风貌浓缩于云顶天空之下，给人以通透

感和现代节奏感（图 4.15）。

新加坡 ION Orchard 入口处如波浪般起伏的雨棚源于树冠纹理，它由几根形似树干的立柱支撑，并由玻璃和金属框架构成的错综复杂的模块状雨棚覆盖表面，在设计上延伸了由郁郁葱葱的树木围绕的乌节路街道的感觉，将建筑更好地融入城市，让人过目难忘（图 4.16）。

郑州新田城洞林新天地的雨棚设计造型来源于中国传统建筑的斗拱，用若干水平杆件层层叠置往外出挑，并附以玻璃顶棚，形成精巧而通透的外观。作为吸引人气的景观元素，该雨棚像别致的木构屋架立于项目的主广场处，同时也散落地点缀于各个节点广场和商业内街之中（图 4.18）。

图 4.15　悦达 889 广场的"幻影云顶"　　　　图 4.16　新加坡 ION Orchard 的入口雨棚

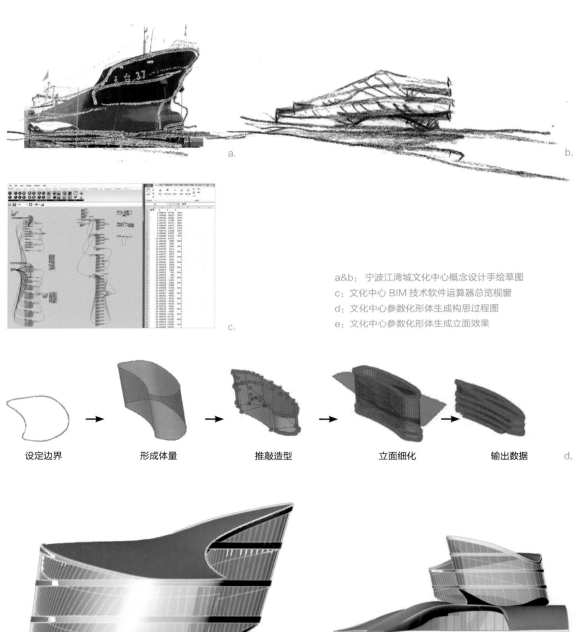

a&b：宁波江湾城文化中心概念设计手绘草图
c：文化中心 BIM 技术软件运算器总览视窗
d：文化中心参数化形体生成构思过程图
e：文化中心参数化形体生成立面效果

设定边界　　　形成体量　　　推敲造型　　　立面细化　　　输出数据

　图 4.17　宁波江湾城文化中心

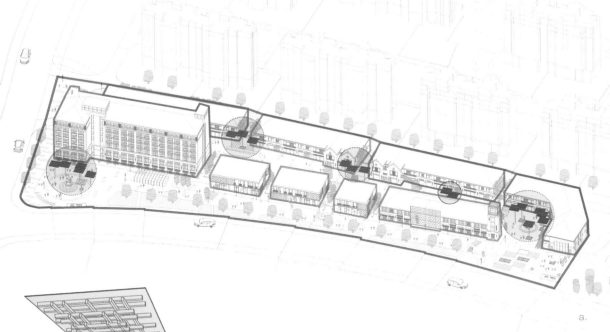

a.

a. 造型别致的玻璃雨棚布置在各个节点空间处和商业内街中，成为洞林新天地项目的一道亮丽风景

b. 雨棚造型来源于中国传统建筑的斗拱构件，采用玻璃材质体现其轻巧而通透的特质。

c&d. 雨棚既是吸引人们眼球的景观元素，又为人们界定出了宜人的活动和休憩场所

b.

c.

d.

图 4.18 郑州新田城洞林新天地雨棚设计

4.2.7
屋顶

建筑"第五立面"在商业建筑中越来越重要，屋顶与餐饮、娱乐、室外剧场等设施结合设计，能实现商业价值与景观环境的双赢。

广州太古汇的屋顶花园面积达 3500m², 通过天窗、绿化、小品、雕塑和户外活动场地等，打造出多维度、多层次的花园，成为城市中的一小片生态绿洲。让消费者置身于繁华的广州 CBD，仍能体验到别样的绿色休闲氛围（图 4.19）。

新加坡港湾城的"怡丰城"（Vivo City）屋顶设置了户外中央庭园，白天是喷泉水流，晚上会变为满天星斗，定期进行时装表演、文化休闲、户外表演、小型节日和都会市集等，将屋顶花园打造成为极具人气的休闲场所（图 4.20）。

溧阳上河城屋顶以"花生"为形象载体，结合屋顶绿化和景观小品设计，以铝板为外墙材料，通过尺度的变化、空间的延伸，实现与餐饮、健身等功能的完美融合（图 4.23）。

图 4.19 广州太古汇屋顶花园

图 4.20 新加坡怡丰城屋顶花园

4.2.8
夜景灯光

在商业场所中，夜景灯光不仅起到照明的作用，也是装饰美化环境和渲染场所气氛的重要手段。通过从照明方式、色彩、照度、位置等方面对夜景灯光进行合理地设计，既能直接强化商业场所的形象和面貌，又能起到巨大的广告媒体效应给人留下深刻的印象。随着灯光技术的飞速发展，灯光照明和声音、影像等相互结合，会创造出更多让人流连忘返的商业场所。

以成都的 BDG 蓝润·天玺广场项目为例，为了增强项目的体验感和独特性，在中心主广场的位置设计了汽车电影院。在夜间特定的时间段，人们可以把汽车开入广场内部，利用灯光投射结合周边环境的照明设计和声效设计，打造一个可以坐在自己的汽车里看电影的露天影院空间，带给人们新奇而有趣的体验（图 4.21）。

在上海普陀区的 IMAGO 我格广场改造中，灯光设计是其外立面形象改造的主要内容之一。其中，在主入口处结合弧形的玻璃幕墙设计了大面积的动态 LED 装饰灯，独特的造型和色彩斑斓的灯效，为商场打造了时尚潮流的吸睛形象。在人流汇集的街道转角处分别设置了两块巨大的 LED 屏幕，起到良好的昭示作用。此外，在沿街立面上结合直通四层的飞天梯，设计了绚丽的灯光系统，既突出了飞天梯形成的特别立面形态，也很好地满足了商场内部功能和广告张贴需求，让 IMAGO 我格广场拥有

图 4.21 BDG 蓝润·天玺广场汽车电影院

白天和夜晚两种不同的美丽面貌（图 4.24）。

4.2.9
设备构件

当设备构件与功能和空间等发生冲突时，一般采取隐蔽的措施，但如果设计巧妙，亦可成为项目中的亮点。例如，浦东嘉里城整合了楼梯间、设备井、广告灯箱，将之改造为景观标识墙，成为一个有着鲜明的入口展示的商业场所空间（图 4.22）。

图 4.22 浦东嘉里城景观标识墙

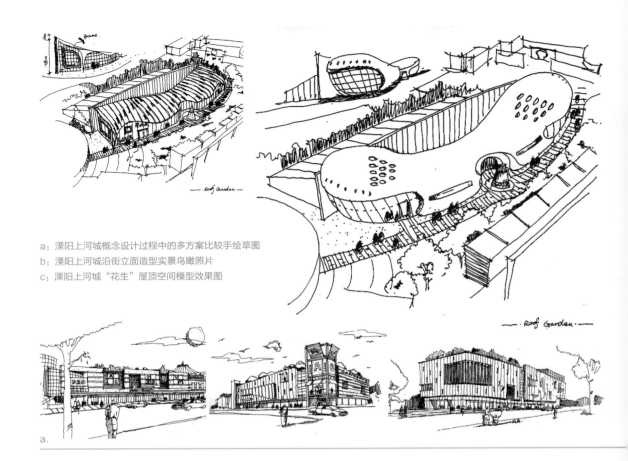

a：溧阳上河城概念设计过程中的多方案比较手绘草图

b：溧阳上河城沿街立面造型实景鸟瞰照片

c：溧阳上河城"花生"屋顶空间模型效果图

a.

a．我格广场主入口处的大面积弧形动态
LED 装饰灯，强化了商场潮流时尚的主
题氛围，用绚烂的灯光效果给人们留下了
深刻的印象

b．结合临街的飞天梯设计的灯光系统强
化了飞天梯的特别形态，创造了让人耳目
一新的立面效果

c．我格广场街道转角处的两块巨大的
LED 显示屏，在人流汇集的街角起到了
良好的昭示效果

a.

b.

c.

图 4.23 溧阳上河城屋顶设计

b.

c.

图 4.24 我格广场改造项目

4.3
内部空间
Interior Space

商业内部空间作为与人直接接触的部分，更多要从人体尺度、空间、材料选用和商业氛围营造等方面考虑，以构建令人兴奋的、可识别的场所为出发点，强调与外部设计的整体性与统一性。

4.3.1
动线

人在室内移动的点，连接起来就成为动线。它串联了内部店铺和节点空间，是商业价值均好性和店铺可识别性的保证。常见的商业动线有单动线、环形动线和复合动线等形式。传统动线一般在平面范畴内考虑，略显呆板，对场所的塑造也有一定的局限性；目前很多商业项目为增加体验性，一般在动线的平面延伸和立体维度上发展。良好的动线设计为客流提供清晰可见的脉络，增加逗留时间，购物过程中增加更多有效区域，减少购物过程中体力消耗，维持较高水平的新鲜感和兴奋度。

深圳华侨城欢乐海岸通过动线的平面延伸，结合广场和景观小品，将购物中心和风情商业街完美组合起来，既增加

了动线的长度，提升了项目价值，又增加了体验感，形成令人兴奋的场所（图4.25）。

上海大悦城用地为方形地块，采用环形动线和垂直动线拉动人流的方式，在人流不断上升的视野范围内设置不同层次的退台空间和餐饮休闲业态，加上室内特色设计元素的介入，营造出不一样的休闲购物体验，打造出可识别的场所（图4.26）。

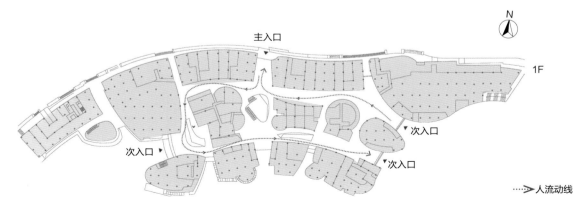

　图4.25　深圳华侨城欢乐海岸动线分析

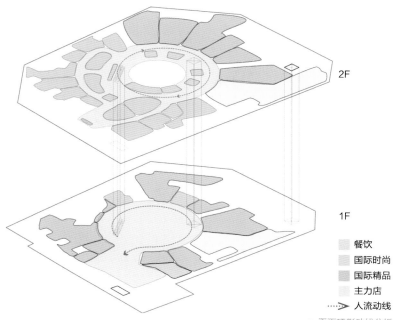

2F

1F

a. 平面环形动线分析

b. 剖面垂直动线分析

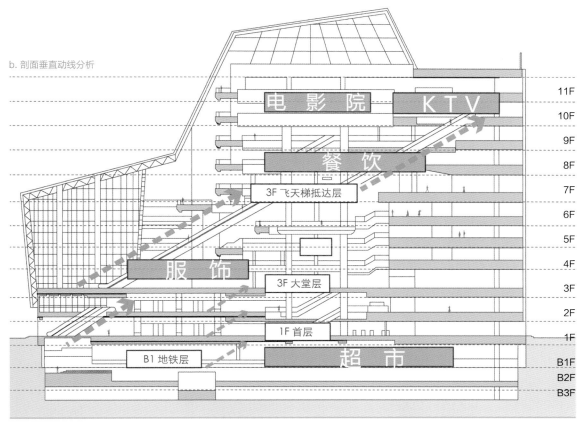

电 影 院　　K T V　　11F
　　　　　　　　　　　　10F
　　　　　　　　　　　　9F
餐　饮　　8F
3F 飞天梯抵达层　　7F
　　　　　　　　　　　　6F
　　　　　　　　　　　　5F
服　饰　　4F
3F 大堂层　　3F
　　　　　　　　　　　　2F
1F 首层　　1F
B1 地铁层　　超　市　　B1F
　　　　　　　　　　　　B2F
　　　　　　　　　　　　B3F

图 4.26　上海大悦城动线分析

4.3.2
中庭

　　中庭是商业建筑中非营利性开放空间，结合游乐活动、文娱设施、文化展示，提供了类似"城市性"的功能。随着时代的变化和消费行为的改变，人们对中庭也有了更高的需求，将消费者的心理进行细分剖析加以利用，并结合多样的设计，塑造出令人兴奋、可识别的场所。

　　如迪拜 MALL 由矩形和梯形 LED 屏幕围合的 T 形舞台占据中央位置，通过打造水族馆主题、瀑布主题、绿化主题等，以一种平易近人的尺度，加上变换绚丽的灯光，共同形成了令人印象深刻的中庭空间（图 4.27）。

　　兰州东湖国际广场在不同楼层设置多个主题中庭来增加商业空间的体验性，并用跨多层的飞天梯和交错的扶梯等方式连接这些中庭，将人流一步步往上导入，增加了高楼层商业的人气和趣味性（图 4.29）。

图 4.27　迪拜 MALL 的水族馆主题中庭

4.3.3
扶梯

　　自动扶梯是商业内部一个重要的竖向交通元素，拉动了人流的上下往复运动，为建筑带来动感和活力。同时，自动扶梯的走向、表面和底部处理也是室内设计的重点，是商业场所着力打造的兴奋点之一。

　　广州太古汇项目上下层扶梯采用传统的扶梯交错的方式，运用不锈钢外表面和穿孔板底面，与走廊侧面的木质外皮及中庭顶部的玻璃体一起，营造出了让人眼前一亮的感觉（图 4.30、图 4.31）。

　　坐落于香港旺角黄金地段的亚皆老街 8 号朗豪坊购物中心，共有 15 层商业，其中 4 层到 8 层、8 层到 12 层的扶梯堪称经典，它们快速拉动人流向上导入到零售区和餐饮区，是香港购物中心的新标杆（图 4.32）。

4.3.4
复合业态

图 4.28　东京茑屋书店

　　近年来，无论是大盒子式购物中心还是街区型商业，传统式的单一业态分区和简单布局方式正在逐步更新演变，复合业态正成为一种全新的购物诉求。跨界产品可提供文化、休憩、零售和娱乐等功能，在小范围内可完成不同类型的体验，易于打造令人兴奋的场所。

　　成都太古里的方所书店是以书店为基础，同时涵盖美学生活、植物、咖啡、展览空间与服饰时尚等为一体的复合式阅读生活博物馆。它一反传统书店的沉闷单调，以沉稳朴实和魔幻原始为特色，在超过 5000m² 的超大地下空间内，通过构建 100 余米的廊桥书架，搭配 37 根造型迥异的立柱，加上混凝土、钢材、木头等材料的运用，为整个书店注入了探索苍穹般的想象力，打造了别样体验的跨界经营场所（图 4.33）。

　　日本东京 Daikanyama T-Site_茑屋书店位于东京代官山区，由三栋建筑组成，店内不光卖书，还出租 DVD 和 CD，书店里布置有咖啡馆，店外还有宠物美容、照相机专门店与餐厅等设施。此外，书店也不忘开辟出一片公园绿地，为东京人营造一处文化生活空间（图 4.28）。

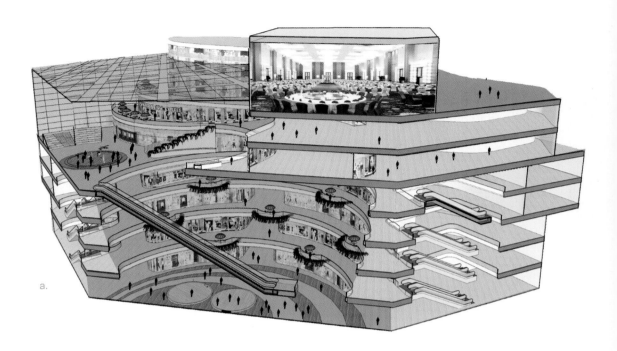

a.

b.

c.

a．购物中心的主中庭内设置了一部 2 层直达 5 层的飞天梯，把人流迅速导往高楼层，同时也创造了让人难忘的空间体验

b．购物中心在不同楼层和不同区域布置了主题各异和风格各异的中庭，增加了商业场所的趣味性和体验感

c．购物中心中央的圆弧形主中庭从下往上层层后退，打破了传统中庭的沉闷感，让中庭底部的开放空间成了视觉的焦点

图 4.29 兰州东湖国际广场的多主题中庭设计

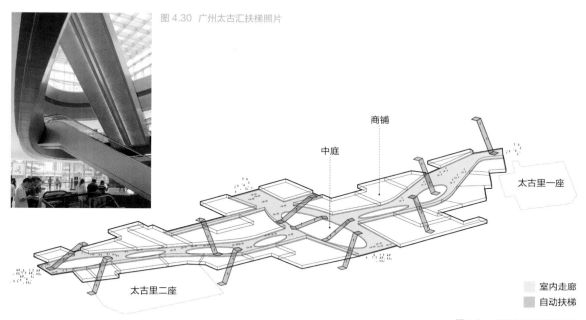

图 4.30 广州太古汇扶梯照片

商铺

中庭

太古里一座

太古里二座

室内走廊
自动扶梯

图 4.31 广州太古汇扶梯系统

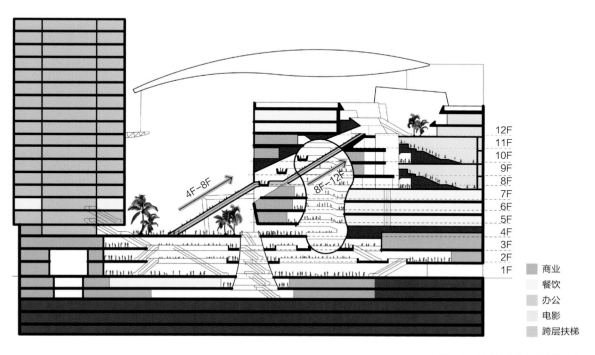

12F
11F
10F
9F
8F
7F
6F
5F
4F
3F
2F
1F

4F-8F

8F-12F

商业
餐饮
办公
电影
跨层扶梯

图 4.32 朗豪坊购物中心扶梯系统

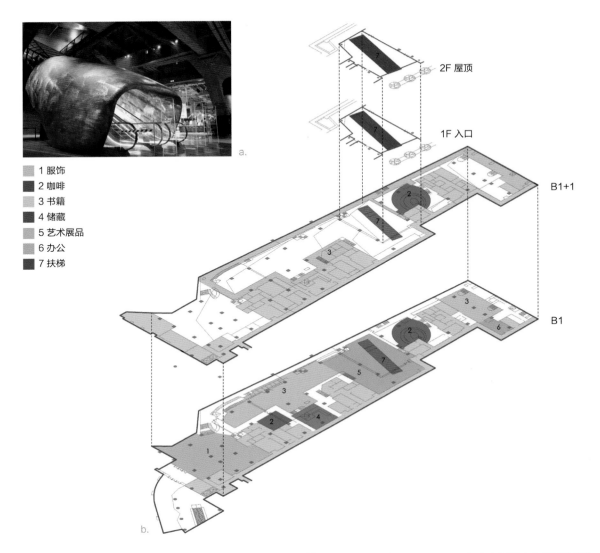

1 服饰
2 咖啡
3 书籍
4 储藏
5 艺术展品
6 办公
7 扶梯

2F 屋顶

1F 入口

B1+1

B1

a.

b.

a. 方所书店具有魔幻般造型特色的自动扶梯入口空间

b. 方所书店在巨大的地下空间内创造了一座集图书、服饰、咖啡、展览、美学生活等为一体的复合式阅读生活博物馆

c. 方所书店以沉稳朴实和魔幻原始为设计特色，用粗大的混凝土异形立柱、架空的书架廊桥和古朴的家具摆设等，打造了一个别样体验的跨界经营场所

c.

　图 4.33　成都方所书店

a．D-cube 购物中心通过在购物中心内和商业街内合理布置水景和绿化景观，
将人流从户外的公园层层导入高层商业中，激活了人气和活力

b．购物中心内部水体景观

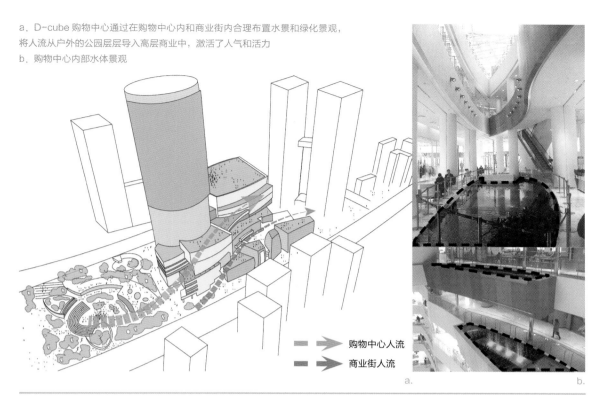

购物中心人流

商业街人流

a.　　　　　　　　　　　　　　　　　b.

图 4.34　首尔 D-cube 购物中心的景观设置

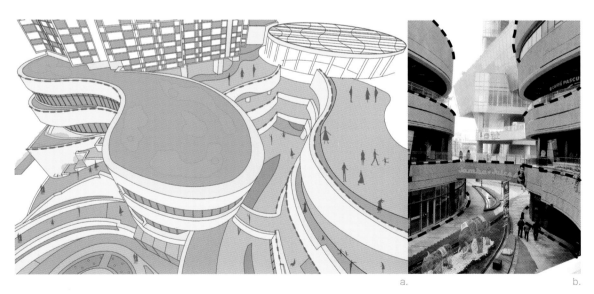

a.　　　　　　　　　　　　　　　　　b.

a．Mecenatpolice 商业综合体的屋顶花园、阳台和开放式空间等都运用了曲线
作为贯穿整体造型的元素，空间层次丰富多样

b．Mecenatpolice 商业综合体的层层外廊空间具有很强的流动性和体验感

图 4.35　首尔 Mecenatpolis 商业综合体的景观设置

4.3.5
景观设置

　　景观作为商业场所和商业气氛塑造的一个重要手段，对于调节消费者心理、刺激购物行为的发生、营造场所感都有很大作用。针对不同的商业建筑类型特点，设置一定的主题，通过绿化、水体、铺地、喷泉、小品家具、灯具、广告和游乐设施等元素，创造令人兴奋的、可识别的场所。

　　韩国首尔 D-cube 购物中心在首层和屋顶层分别设计了一座与地铁连接的 2.43 万㎡的公园和一个与演艺厅联系的多维花园。首层公园的宜人景观起到了良好的导向作用，吸引客流进入商场，屋顶层的花园层次丰富有趣，极大地带动了高层商业的人气和活力（图 4.34 ）。

　　韩国首尔的 Mecenatpolis 商业综合体运用曲线作为贯穿整体的造型元素，在阳台、玻璃桥、屋顶花园、开放式空间、水景和中央广场等景观设计中都极力强化流动性的体验感，配合主体建筑造型，创造出丰富的、多层次的空间场所（图 4.35 ）。

图 4.36　泰国曼谷 Terminal 21 购物中心的室内空间

4.3.6
内部界面

　　内部界面是客流进入商业内部后直接接触到的空间界面，它在近人尺度范围之内，因此在设计上要考虑消费心理学和行为学，结合内部空间变化和材料搭配，有效增强商铺的可见性和可达性，保证客流视野范围内的兴奋感和舒适性，创造明显的记忆点。

　　泰国曼谷 Terminal 21 是一家以机场航站楼为主题概念的购物中心，在它内部的界面设计中，将各种机场的要素渗透在店铺外装、小品景观、标识系统、色彩格调等方面。同时，各个楼层还以世界多个著名城市为主题风格进行设计，进一步加强了内部空间动感活力的氛围，使之成为曼谷地区年轻时尚人士最喜爱的商业场所之一（图 4.36 ）。

4.3.7
空间变化

空间塑造是建筑的核心，对商业建筑尤为重要，如入口、中庭、走廊、屋顶等都可以通过空间变化创造出令人印象深刻的空间亮点。一般商业在保证空间整体舒适的前提下，利用如切口、旋转、错位、重复、对比等建筑设计手法，打造公共区的空间变化，吸引人流停留并增加体验感，形成独具特色和令人兴奋的场所。

位于香港九龙半岛东部的香港 Megabox 购物中心，通过连续的空间变化，运用业态的多样性、差别性和联动性支撑起了 19 层的大体量购物中心。巨大的圆形玻璃窗面对城市中央公园，红色的连廊和蓝色的玻璃形成了鲜明的对比，结合 7 层的超大尺度挑空中庭和飞天梯，空间极其生动丰富（图 4.37）。

北京三里屯太古里和成都远洋太古里都是开放式、低密度的街区形态商业场所，都以当地传统街巷的空间特色为设计原型，融入现代的时尚元素，营造出极具城市标识性的商业场所。北京三里屯太古里以老北京东西向的"胡同"和"四合院"作为整体布局的基本空间元素，成都远洋太古里则以纵横交织的"里巷"和"院落天井"来再现川西民居的传统空间。这些特色的空间变化承载着历史的古韵、人文的雅致，与现代的购物休闲氛围交融碰撞，形成了一个拥有多样层次的、充满了生活气息的商业场所，让人们徜徉其中流连忘返（图 4.38、图 4.39）。

图 4.37 香港 Megabox 购物中心

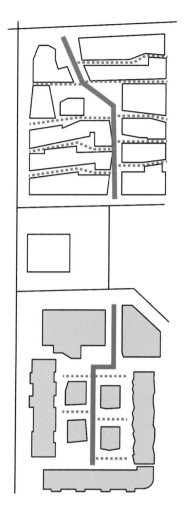

三里屯太古里（左）与成都太古里（右）
整体布局对比

北京三里屯太古里以东西向的"胡同"和"四合院"
作为整体布局的基本空间元素，来体现老北京城市
的肌理空间；成都远洋太古里则以纵横交织的"里
巷"和"院落天井"来再现川西民居的传统空间。

　图 4.38　三里屯太古里

━━ 人流主动线
••• 人流支动线

图 4.39　成都太古里

4.4
商业主题
The Commercial Theme

　　"商业主题"面向某一类特定目标消费群体,以目标群体的需求为导向,目的是形成商业竞争中的差异化。"商业主题"从满足目标消费者的体验需求出发,以布景式的氛围营造为手法,从商业形态、硬件设施、动线布局、主辅经营品类、装修风格、灯光音响、温度湿度、营业时间、营销方式等全方位入手,按照目标人群的喜好设计商业空间。

　　"商业主题"具有多样性,目前代表性的商业主题包括:历史人文、文化艺术、旅游特色、自然生活、时尚潮流、主题乐园、科技元素和地域风情等。

　　图 4.40　美国拉斯维加斯凯撒宫购物中心

图 4.41 上海十六铺老码头商业中心

4.4.1
历史人文

位于美国拉斯维加斯的凯撒宫购物中心，汇集了大量的一线品牌、高档餐饮和娱乐商家，一期以古罗马文明为主题元素，让顾客徜徉其中体验古罗马地中海的美丽场景，二期以有着加勒比海大量鱼类的水族馆为载体，结合亚特兰蒂斯的雕塑群，创造出一个古典文明和海洋文化重现的主题购物中心（图 4.40）。

上海十六铺老码头商业中心，由原来的十六铺码头改造而成，部分继承了经典石库门风格建筑，部分则是充满现代时尚元素的全新建筑。建筑面积 5 万 m²，业态主要是特色酒吧、休闲会所、主题餐厅和个性零售等。老码头很好地融合了上海这座城市的艺术、文化、商业与风尚，呈现给世人别具一格的海派风情，成为上海时尚创意商业文化的"斗秀场"（图 4.41）。

佛山岭南天地是佛山市禅城区祖庙东华里片区的改造项目，采用了"修旧如旧"的方式对祖庙东华里整个古建筑群进行修葺、改建和重新利用，同时运用现代手法，把整个片区打造成了集文化、旅游、居住、商业为一体的综合街区。佛山岭南天地以祖庙、东华里、历史风貌区为发展主轴，保护和改造了片区内的 22 幢文物建筑及众多的优秀历史建筑，通过扩展和保留原有的院落庭园空间，梳理和复原巷里弄堂空间、拆除旧建筑、增加新的休憩活动空间等方式，为人们创造了变化多样、丰富多彩的公共空间。此外建筑形式上，还充分运用了骑楼、锅耳式山墙、瓦脊、雕花屋檐、蜿蜒街巷等岭南建筑特色，使得佛山的历史文化风貌、城市脉络和建筑特色得以传承，并使它们有了新的生命力（图 4.42）。

a. 实景照片

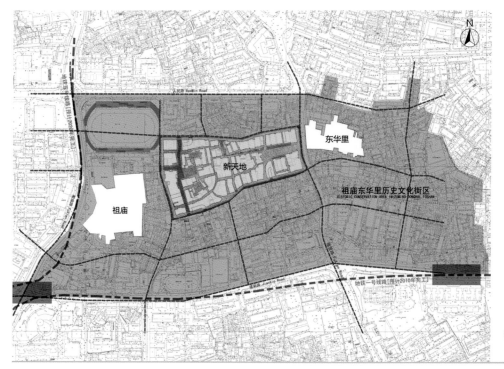

b. 佛山岭南天地
城市脉络

　图 4.42　佛山岭南天地改造项目

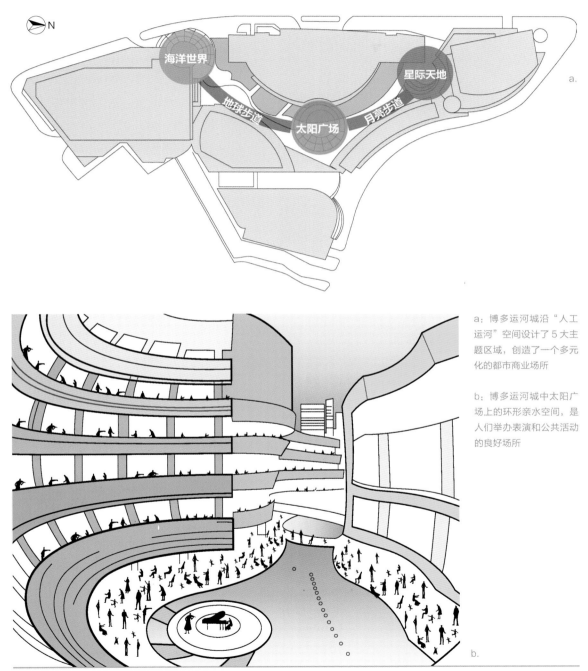

a：博多运河城沿"人工运河"空间设计了5大主题区域，创造了一个多元化的都市商业场所

b：博多运河城中太阳广场上的环形亲水空间，是人们举办表演和公共活动的良好场所

图 4.43 日本福冈波多运河城

图 4.44 北京侨福芳草地

图 4.45 上海 K11 购物艺术中心

4.4.2
文化艺术

"化都市为剧场"的日本福冈博多运河城，把博多河的河水以"人工运河"形式引入项目，并设计了5大主题区域：星际天地、月亮步道、地球步道、海洋世界和太阳广场。自然元素的引入和主题的设置使博多运河城犹如都市中的一个多元化未来都市，包罗万象，其乐无穷，是当地举办大型节日庆典、商品市场推广及社区公益表演的最佳场所（图4.43）。

北京侨福芳草地致力打造多元的商业及文化休闲综合体，创新性地设计了长达236m的步行桥，它横跨在建筑复合体之间，为顾客鸟瞰各个商户店面和公共广场提供了理想的空间。为了凸显其艺术特色，商场的公共空间里摆放了41件达利的雕塑，成为北京新风尚与高品质的复合生活板块，为每一位到访者带来充满新意的独特体验（图4.44）。

上海K11购物艺术中心以"艺术·人文·自然"为主题。它在商场各处布置了17组国内外知名艺术家的作品供公众欣赏；在地下三层设置了约3000m²的艺术交流、互动及展示空间，定期举办活动让艺术融入生活；并且在三层设置了生态互动体验种植区，让人们零距离接近自然乐趣。这种把艺术欣赏、人文体验、自然绿化以及购物消费合为一体的方式为市民及顾客带来前所未有的独特感官享受，赋予了购物全新定义（图4.45）。

4.4.3
旅游特色

结合地块优势，运用城市资源，如江景、海景、山体和特色景点等，建筑内外以某一特点进行挖掘和整合，形成趣味性的、令人兴奋的场所。

上海东方梦工厂打造以梦想为主题的文化消费和时尚体验的都市文化集聚区，充分利用原来分布在徐汇滨江边的水、泥、煤、油等厂房和设备，实现新旧建筑之间天衣无缝的过渡，传统和现代的风格融合，为公众带来全新的空间体验和设计感受。将文化产业与文化体验融为一体，使黄浦江西岸成为上海新的文化旅游地标（图 4.47）。

武汉万达城总规划区域约 1.8 平方公里，是"以文化为核心，兼具旅游、商业、商务、居住"为一体的世界级文化旅游项目。汉街因楚河而生，沿南岸而建，总长 1.5 公里，主体采用民国建筑风格，红灰相间的清水砖墙、精致的砖砌线脚、乌漆大门、铜制门环、石库门头、青砖小道、老旧的木漆窗户，将极具时尚元素的现代建筑与民国风格建筑交织在一起，实现传统与现代的完美融合（图 4.46）。

a. 武汉万达城的传统元素

b. 武汉万达城的现代元素

图 4.46 武汉万达城　　101

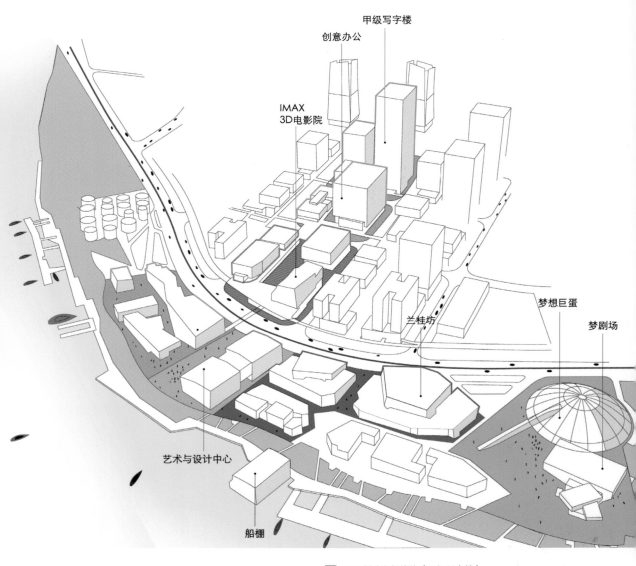

甲级写字楼

创意办公

IMAX
3D电影院

梦想巨蛋

梦剧场

兰桂坊

艺术与设计中心

船棚

上海东方梦工厂项目通过改造徐汇滨江原有的老厂房，以
梦想为主题，引入文化影剧院、艺术与设计中心、商业零售、
休闲餐饮、创意办公和写字楼等业态，挖掘文化产业和文
化体验的商业价值，打造上海文化旅游新地标。

■ A区 创造商务价值（甲级写字楼）
■ B区 激发无限创意（动画工作室、艺术中心、剧场、餐饮、创意产品）
■ C区 投入光影生活（IMAX影院、时尚店铺、餐饮、精品超市）
■ D区 享受休闲快乐时光（儿童娱乐、美容、生活、健康、餐厅、咖啡厅）
■ E区 融入艺术生活（画廊、工作室、时尚餐厅、家居饰品零售）
■ F区 玩味缤纷兰桂坊（娱乐会所、酒吧、餐厅）
■ G区 感受永不落幕的演出（梦想巨蛋、梦剧场）

　图 4.47　上海东方梦工厂

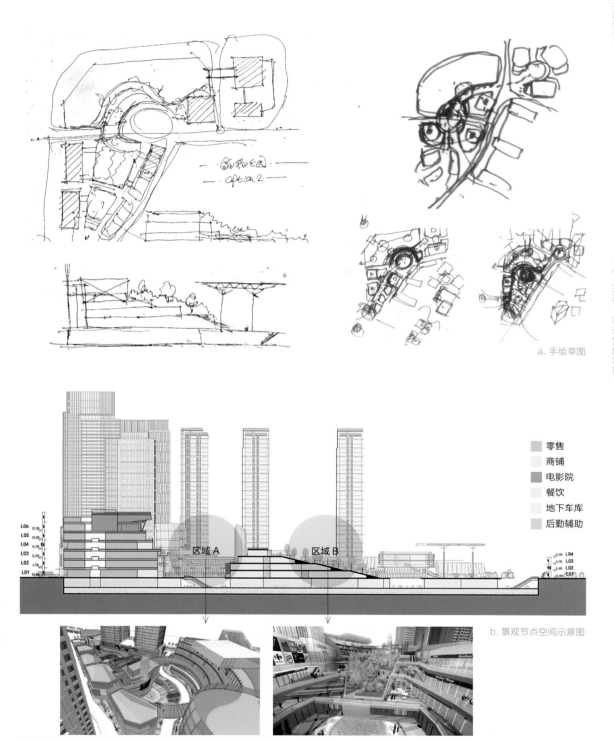

a. 手绘草图

零售
商铺
电影院
餐饮
地下车库
后勤辅助

区域 A   区域 B

b. 景观节点空间示意图

图 4.48 岳阳四化建公司地段旧城改造项目   103

图 4.49　乌克兰海洋广场

4.4.4
自然生活

在表达绿色植被和山林意向方面，岳阳四化建公司地段旧城改造项目结合岳阳市的本土特色构建了一个以山水、龙舟和水巷为主题的购物公园。在长达 330m 的商业街区中，露天观景草坡从靠近入口的地面广场一直延伸到购物中心的四层商业连廊，并通过购物中心的退台花园通往其他各处商业区域。草坡上布置有各种草木植被和水景，并结合露台设置了商业外摆区，让人们仿佛不是在商场中购物，而是像漫步在公园中一样（图 4.48）。

在体现海洋及航海意向方面，乌克兰海洋广场以海洋为主题形象进行包装。它最大的亮点是一个 35 万升容量的巨型水族箱，里面有 1000 多种海洋生物，为人们提供了长达16m 的全景视角。此外，购物中心各处的设计均体现了强烈的海洋意向。入口处大面积的蓝色菱形玻璃起伏交错，让人联想到海洋的波涛；室内流线型的走廊结合网格状采光天顶，让人仿佛如鱼一般徜徉在大海之中；中庭和节点空间那些模拟海胆、海螺等海洋生物造型让整个场所充满了海洋的趣味和生气（图 4.49）。

4.4.5
时尚潮流

年轻人是商业消费的主体，以时尚潮流为主题，集时尚购物、特色餐饮、休闲娱乐和生活配套于一体，同时兼顾家庭和儿童业态，将是未来商业建筑的主流定位。

上海国金中心商场以时尚浪漫的香槟色和米白色为主要色调，将现代时尚与欧陆经典相融合，营造了年轻时尚的购物氛围，创造出轻松的休闲环境。同时，商场与外部的陆家嘴公共绿地以及苹果旗舰店一起，成了城市公共空间重要的参与者，彰显出强烈的个性和时尚的魅力（图 4.50）。

新加坡 Iluma 购物中心具有独特的外观造型，其沿街立面由极具艺术感的水晶网状媒体墙包裹，墙面材料是像宝石状的聚碳酸酯材料，在白天纯白光洁，晚上则发出绚丽夺目的光芒。在室内，为了呼应外观造型，用波浪形曲线作为基本装饰元素将整个购物中心的风格统一起来，极具时尚感和艺术感。它成功吸引了国际级著名品牌进驻开设旗舰店及概念店，涵盖时装、生活、娱乐和餐饮等不同领域，形成令人兴奋的、可识别的场所（图4.51）。

4.4.6
主题乐园

　　主题乐园（Theme Park），是根据某个特定的主题，采用多层次的活动设置方式，集诸多娱乐活动、休闲要素和服务接待设施于一体的现代旅游目的地。随着时代的发展，主题乐园满足了消费者多样化休闲娱乐需求和选择，同商业建筑结合，建造出一种具有创意性、令人兴奋的商业场所。

　　韩国首尔乐天世界是一座名副其实的城中之城，它含有主题乐园、百货商店、酒店、免税店、大型折价商场、体育

中心等场所。它拥有室内"乐天世界探险"和室外的"魔幻岛"，还有四季皆宜的"乐天滑冰场"以及体会韩国文化和生活的"乐天世界民俗博物馆"和"乐天影院"等，是世界上最大的室内游乐场。主题乐园和商业形成互动，最大化双方价值，提供令人兴奋的购物场所（图4.52）。

　　洞林湖·新田城中心商业位于郑州城区西南风景优美的洞林湖区域，是一个融居住、娱乐、商业、休闲等为一体欧式风情小镇。其中商业街结合环滨水一侧的欧式风情小镇和相邻地块的动漫小镇以及奥特莱斯共同组成，一起创造了郑州地区独一无二的、充满想象力和具有风情体验的商业场所（图4.53）。

图 4.50　上海国金中心商场

图 4.51　新加坡 Iluma 购物中心

105

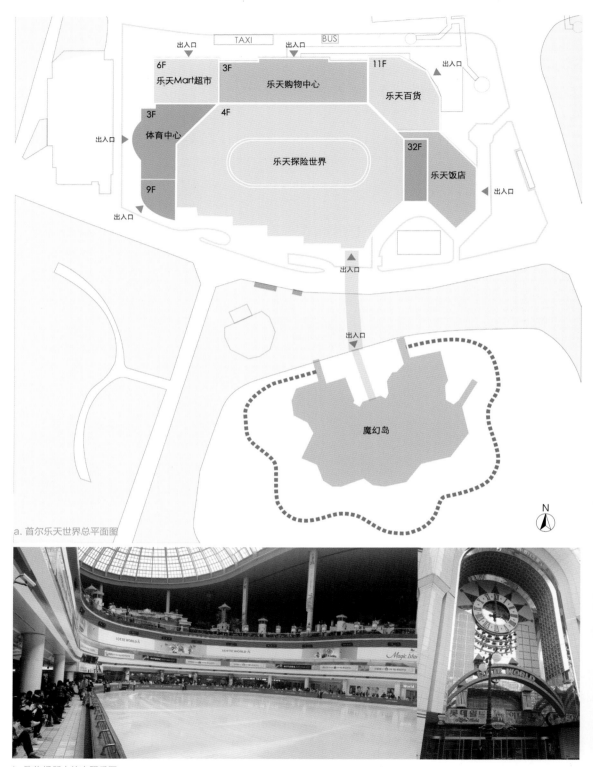

a. 首尔乐天世界总平面图

b. 购物场所中的主题乐园

　图 4.52　韩国首尔乐天世界

a. 滨水风情街

洞林湖·新田城中心商业地块结合滨水的欧式风情小镇和相邻地块的动漫小镇以及奥特莱斯共同设计，打造郑州地区独一无二的充满想象力的商业场所。

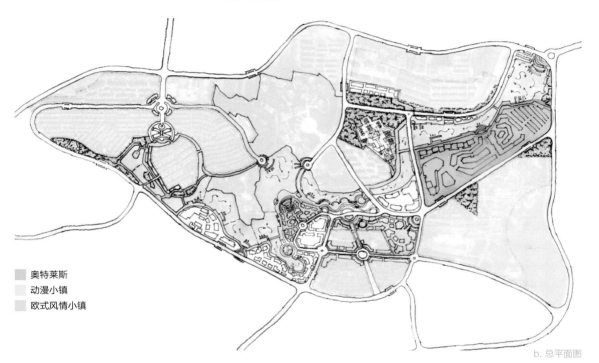

■ 奥特莱斯
□ 动漫小镇
■ 欧式风情小镇

b. 总平面图

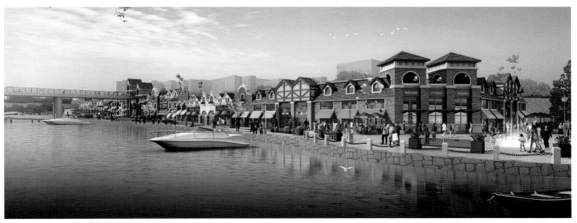

c. 滨水风情街

图 4.53 洞林湖·新田城四期中心　　107

a. 台北京华城室外实景

b. 台北京华城室内实景

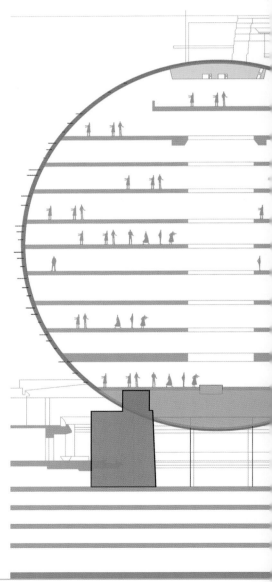

c. 台北京华城剖面示意

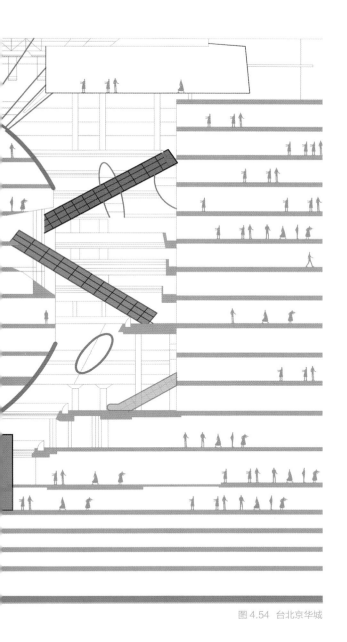

4.4.7
科技元素

　　科技元素作为一种体现未来感的建筑造型要素也逐渐运用到主题性商业场所的设计中。它一方面体现了现代科技对建筑以及人们的商业生活的影响，另一方面它对主题营造和商业气氛烘托也起到重要的作用。

　　台北京华城由一座 L 形建筑和一个球形建筑组成，设计理念来源于中国古代传说中的"双龙抱珠"，球体直径达 58m，整座建筑由 4 根巨柱支撑，是京华城建筑上的一大特色。无论是技术感十足的建筑构件，还是高达 70 余米的挑空峡谷中庭空间，都彰显着项目本身的科技感（图 4.54）。

　　美国洛杉矶 Universal Studio City Walk 商业街以电影为主题，其零售及餐饮店面都以夸张的招牌来吸引游客，结合前卫的建筑构件，给人强烈的视觉冲击，体现了科技元素对场所的塑造（图 4.55）。

图 4.54 台北京华城　　　　　　　　图 4.55 洛杉矶 Universal Studio City Walk 商业街　　　　109

图 4.56　法国巴黎香榭丽舍大街

4.4.8
地域风情

　　传承项目本身的地域特色，易于形成差异化、特色化竞争，根据所在区域顾客的购物需要、消费心理、区域文化，确定特色主题，而后在空间处理、环境塑造、形象设计等方面对商业主题进行一致性表现，真正起到商业文化信息中心的作用。

　　如法国巴黎香榭丽舍大街保留了大量 17 和 18 世纪的原有建筑，如波旁宫、图勒里公园、卢浮宫和凯旋门等，对

街道及沿街建筑立面的装饰、色调和高度等严格控制，彰显历史建筑风格和欧洲传统的特色，也大大提升了商业价值，形成古典与现代碰撞的商业场所（图 4.56）。

　　北京前门商业街保留了许多中华老字号，如同仁堂、便宜坊、六必居、

　　图 4.57　北京前门商业街

月盛斋、瑞蚨祥、内联升等，在建筑风格、店铺布局和经营特色等方面均体现出浓厚的文化色彩，同时传统古朴的手工艺品强化了旧时北京的市井特色，形成极具北京风情的商业场所（图4.57）。

长沙旭辉步行商业街是长沙旭辉国际广场项目中的商业部分，在其方案设计过程中，被打造成为一个融合了零售商业、休闲娱乐，充满异国风情的"英式风情区"。街区内的建筑多采用英国传统的红色和白色砖石材料为外立面，并通过英式山墙、老虎窗和柱廊等进一步加强了该场所原汁原味的异域风情。同时商业街内还布置了具有英式风情的小品景观和文化雕塑，让整体街区充满了乐趣和情调（图4.59）。

在湖南电子科技职业学院校区规划中，围绕原有水景设计了学生生活配套区，包括配套商业、活动中心等功能。为了与教学区的英式风格相协调，同时也强调商业配套功能的热闹与活力，建筑以英伦风结合民国风为主，穿插一些现代的玻璃元素，以简洁的几何形体构成为基本设计逻辑，运用石材、英国红砖、青砖、玻璃、铝板等材料，打造具有现代历史气息的外立面形象（图4.58）。

图 4.58 湖南电子科技职业技术学院

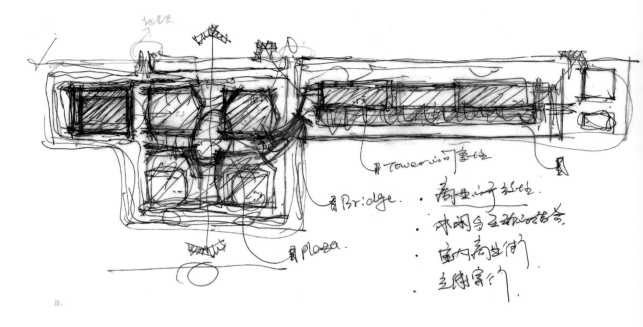

a.

a. 长沙旭辉步行商业街前期概念构思草图

b. 长沙旭辉国际广场是一个集商业、办公、公寓和住宅为一体的多业态综合项目

c. 原汁原味的"英式"步行商业街内景图

d. 步行商业街的立面使用了英式风情的造型元素和红白色传统砖石材料，共同打造商业街具有异域情调的立面形象

c.

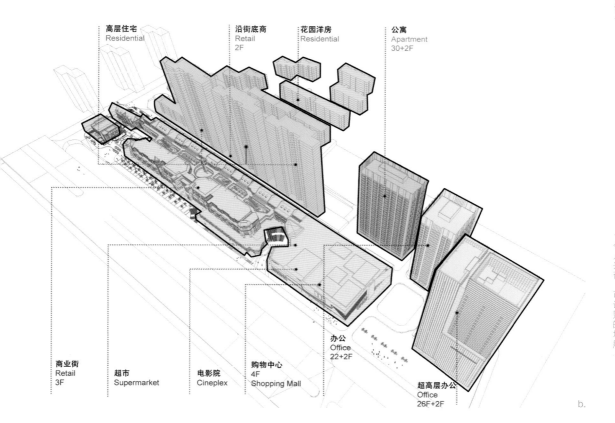

高层住宅
Residential

沿街底商
Retail
2F

花园洋房
Residential

公寓
Apartment
30+2F

商业街
Retail
3F

超市
Supermarket

电影院
Cineplex

购物中心
4F
Shopping Mall

办公
Office
22+2F

超高层办公
Office
26F+2F

b.

d.

图 4.59 长沙旭辉英式风情商业街

图 4.60 环贸 IAPM 购物中心入口实景

4.5
上海环贸 IAPM 购物中心 [20]
Shanghai IAPM

上海环贸广场坐落于上海淮海中路的繁华购物商圈内，由新鸿基地产开发，是一个集多种功能于一体的大型城市综合体项目（图 4.61）。该项目包括两幢 160m 的高级写字楼、一幢 100m 的豪华服务式公寓和 6 层的裙房商业 IAPM 购物中心，总建筑面积 32.5 万 m² （图 4.62、表 4.1）。其周边交通便利，地下直接连通 3 条地铁线。环贸 IAPM 购物中心借鉴了香港 APM 商场的成功营运模式，主打"夜行消费"的新购物理念，整体风格现代时尚，引入了丰富的国际级零售、餐饮及休闲娱乐品牌，配合艺术表演及推广活动，目前已成为上海时尚潮流购物的新地标（图 4.60）。

一、外部空间
环贸广场四面临街，北侧淮海中路不能设置出入口，东、西侧道路是单行道，南侧道路在西侧是丁字形尽端路

表 4.1 上海环贸广场经济技术指标表

指标		数值	单位
占地面积		40,000	m²
总建筑面积		325,000	m²
其中	办公	120,000	m²
	公寓	40,000	m²
	商业	120,000	m²
	地库和配套用房	45,000	m²
建筑层数	商业裙房	6	层
	公寓塔楼	25	层
	办公塔楼	33	层
容积率		5.68	

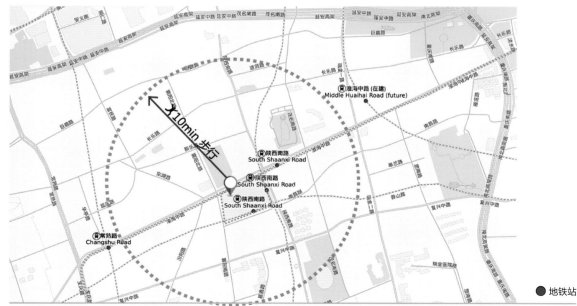

● 地铁站

图 4.61 上海环贸广场区位图   115

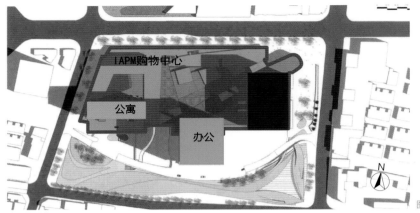

图 4.62 上海环贸广场功能分布图

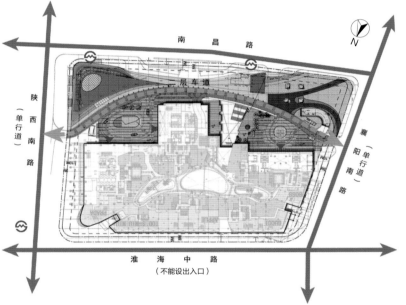

地铁地面出入口
塔楼出入口
二层车道

图 4.63 上海环贸广场交通规划示意图

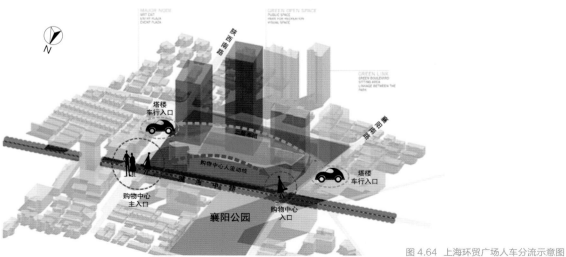

图 4.64 上海环贸广场人车分流示意图

（图 4.63），地面下有三条地铁线路交汇于此，界定了地库范围并占用了一定的地下空间。因此，在处理与城市交通的关系上，建筑师创造性地把基地内道路抬高到南侧商业裙房的屋顶之上，将其作为塔楼的出入地面层，这样为城市增加了一条交通"辅道"，保证了办公楼的独立落客区，同时也实现了商业空间的多首层设计（图 4.64）。

淮海路上的商铺高度一般是三层，最高五层，为了尊重城市界面，购物中心立面从三层开始逐层退台，从而形成了不同高度的多层级的露台空间，露台面对襄阳公园设置了几个玻璃盒子，既活跃了立面气氛也为人们提供了舒适的就餐环境。1~2 层的外立面由各品牌自行设计，形成了多样而夺目的品牌展示场所（图 4.65）。

二、内部空间

IAPM 购物中心的内部无论是中庭空间、动线布置还是室内界面、标识展示等都很出彩，使顾客在其中游逛时处处体验到设计带来的兴奋和惊喜。

购物中心内有 4 个挑空的中庭，其中位于整个商业布局中心区的主中庭最为引人注目。这个椭圆形主中庭长 50m，宽 16m，周边无柱，从各个方向都可见，非常适合商场举办展示性活动。中庭的上部空间以弧形为特色，运用了形体缩减、局部错位等设计手法，采用金属、玻璃、LED 媒介等作为界面材质，营造出了时尚、优雅的商业气氛（图 4.66）。

IAPM 购物中心在垂直动线设计上使用了多组跨层飞天梯拉动高层商业的人气。主中庭设置了从三层直达五层的飞天梯，一方面使人们能便捷地到达主中庭上方的美食餐饮区，另一方面也为主中庭营造了一个视觉兴奋点，结合其特色的波浪形天花，吸引好奇的人们不断往上探寻别样的体验。此外在西南侧的边庭里也设置了二到四层和四到六层的飞天梯，与边庭一侧的彩色 LED 幕墙共同营造了一个动感时尚的空间。购物中心南侧的垂梯电梯厅也让人眼前一亮，它利用创意灯饰、彩色铺地和灯箱墙面等把单调沉闷的电梯厅变成了一个令人印象深刻的艺术空间（图 4.67）。

三、商业主题

IAPM 购物中心定位轻奢时尚，主要面向年轻人，入驻商家有一线品牌及其副线、潮流设计师品牌、中高端餐饮、IMAX 影院以及多元的娱乐设施等（图 4.68）。

为了配合定位，IAPM 购物中心还会邀请名人、设计师和潮流人士等前来，举办了跨年派对、史努比周年展、阿童木纪念展、大型艺术魔幻展等各类文化和时尚活动，让购物中心成为时尚的发生地，使人们在活动中进一步体验 IAPM 营造的令人兴奋和可识别的商业氛围。

从保持城市界面的完整性出发，淮海路一侧的购物中心立面采用退台的方式，化解了自身大体量的尴尬。并且，配合其时尚定位，用多样材质搭配其丰富的体块穿插，使整体造型动感十足但又协调统一。

图 4.65 环贸广场沿淮海路的城市界面

主中庭：首层和二层没有垂直交通，视线开敞，是举办演出和展览等活动的良好场地

左右两侧的小中庭：自动扶梯基本设置在这两个小中庭里，紧邻首层入口，能便捷地拉动人流到商场的高楼层

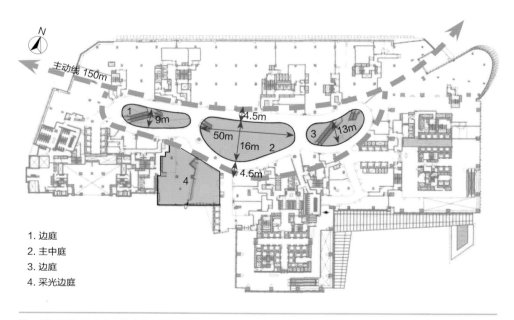

1. 边庭
2. 主中庭
3. 边庭
4. 采光边庭

图 4.66 IAPM 购物中心的中庭

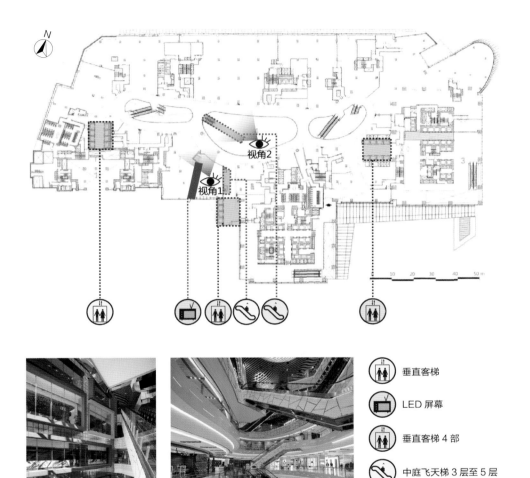

视角2

视角1

	垂直客梯
	LED 屏幕
	垂直客梯 4 部
	中庭飞天梯 3 层至 5 层
	边庭飞天梯 2 层至 4 层, 4 层至 6 层
	垂直客梯 6 部

视角 1   视角 2

采光边庭:侧墙采用了彩色屏幕墙,并设置了多个跨层扶梯,营造出时尚潮流的氛围

图 4.67 IAPM 购物中心的垂直交通系统

图 4.68 轻奢时尚的 IAPM 购物中心

[20] 本小节内容基于对贝诺 Benoy 上海区域总监庞嵚先生的采访整理而成

舒适性和愉悦感是人们愿意长期驻留在商业场所的"锚固点"，通过清晰流畅的商业流线，合理舒适的空间组织，材料、景观、细节的人性化处理等手段，能够有效提升商业场所的空间体验感，为消费者创造出一个舒适迷人、富有亲和力的购物环境。

5

舒适、愉悦的
场所
Comfortable and
Pleasant Place

随着城市化进程的不断加快，现代商业环境更加注重人的空间体验感，强调在舒适、愉悦的环境中享受购物的乐趣，因此在商业场所设计中也应体现出对人的关怀。舒适性是人最基本的生理需求，也是评价商业空间环境最重要的一个标准，舒适的商业购物环境能令人心情愉悦、情绪放松，有效提高消费者光顾的次数与逗留的时间，从而进一步提升商业的整体价值。

5.1
商业舒适性的评价标准与体现要素
Evaluation and Element of Commercial Comfort

舒适是人的主观感觉，由于影响舒适性的因素与条件十分复杂，这是一个因人而异、较难量化的标准。在一个成熟的商业环境中，流线和空间是构成商业环境的两个基本要素，也是对商业舒适性进行量化分析的两个主要依据。商业舒适性，主要体现为清晰顺畅的流线组织和合理舒适的空间组织。

5.1.1
清晰顺畅的商业流线

在商业场所中，商业流线相当于整个场所的骨架体系，它确定了场所的出入口、空间序列及购物活动区域。舒适的商业流线应具有简洁、清晰的方向指引性和交通组织的结构合理性，着重体现在外部交通组织流线和内部空间流线两个方面。

一、清晰高效的外部交通组织流线

外部交通组织流线作为衔接城市和商业场所的纽带，是商业舒适性在城市交通服务上的整体体现。商业场所需要城市空间的人流引入来保证商业的繁荣兴旺，城市空间则需要依赖商业空间的布局来增加生活便利性和环境舒适性。因此，外部交通组织流线的舒适性布局是协调商业场所和城市空间最重要的手段之一。对于外部交通组织来讲，其舒适性主要体现在以下四点：1 清晰便捷的客流引入点；

2 主次入口和城市的关系融合共生，互为依托；3 顺畅的机动车交通组织，互不干扰的人车分流体系；4 高效快捷的后勤货运组织，减少对主体商业空间的影响。

深圳万象城（图5.1）和无锡万象城（图5.2）充分利用场地周边的城市道路，将主要道路界面作为客流的引入点，结合城市公共交通与地铁交通，为客流提供最快捷的到达方式。同时，尽可能利用辅助道路来解决机动车与货车的需求，合理地区分人流、车流区域，形成较为舒适的外部交通体系。

二、顺畅宜人的内部空间流线

舒适的内部空间流线应具有很强的功能性，能够把各种商业形态合理地串联起来，保证消费者顺利、方便地到达每个区域，少走尽端路、回头路等。简单而导向性强的流线往往能给人带来舒适的空间体验，同时它又

购物中心四周均为城市道路，交通便捷，在东侧主要城市道路宝安南路上设置 3 个主要出入口。在西侧次要道路上设置了 2 个地下车库出入口，同时在南北各设置一个架空通道连接两侧的高层办公大楼。

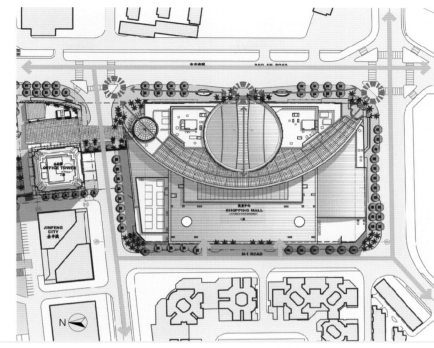

↔ 车行动线
↔ 人行动线
❀ 人行节点

图 5.1 深圳万象城外部交通组织分析

沿金石路的集中型商业，在西侧形成城市广场型主入口，东侧地面设置集中停车场形成次入口，北侧形成与湖滨商业街相对接的出入口。百货主力店朝向西侧的万顺路和北侧的大剧院路设有独立的出入口，地下一层与地铁站台连接，地上二层与沿湖商业相连。3 个下沉式广场可以直接将人导入地下商业空间。

↔ 车行动线
↔ 人行动线
❀ 人行节点
--- 地铁线

图 5.2 无锡万象城外部交通组织分析

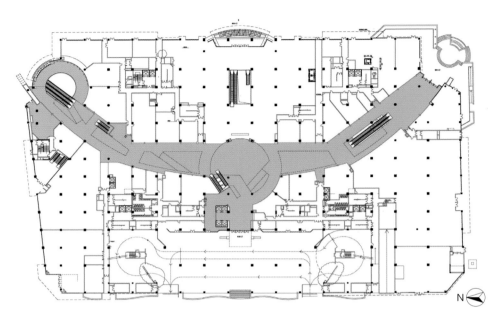

深圳万象城主动线长度约 220m 左右，通过每层设置的停车场巧妙地解决了大平面下的店铺进深问题。弧形主动线与南侧机动车库出入口汇聚在商业体中心形成约 500m² 的点状主中庭，沿主动线均质布置 6 个线状中庭。

图 5.3 深圳万象城主动线

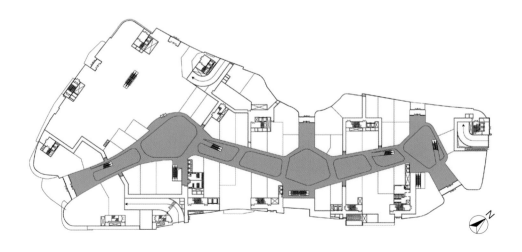

无锡万象城狭长的商业形态形成了长条状的折线形主动线，长度约 330m，在 3 个主要出入口附近设置了 3 个异形的点状主中庭，主动线形状不规则，宽窄不一，形成丰富的空间形态。

图 5.4 无锡万象城主动线

是构成消费者感官体验的基础，消费者从进入到走出商业区域的体验线路应是合理、愉悦、舒适的。

舒适性的水平流线主要体现在主动线明确而流畅，次动线较少，无明显消极空间。舒适的主动线可以很好地贴合人们的行为习惯，具有良好的引导性。如一字折线形或人字形的单动线组织符合顾客的购物习惯，可以有效避免商业死角；通过商业中庭串联起所有的商业动线，形成清晰的人流动线，也有利于内部人流迅速安全地疏散。

深圳万象城（图5.3）利用两侧的有效客流导入形成一字型商业动线，其西部作为商业停车系统，东部是主力店区域，中间圆形主中庭成为所有客流动线的有效连接。无锡万象城（图5.4）整体商业成长条形布置，商业西侧为百货主力店，中部出口联系北侧餐饮商业街，东侧连接地面停车区域，设置多个中庭节点形成一条顺畅的客流动线。

垂直流线是指人流在商业空间的竖向运动轨迹，舒适的垂直流线可以把人群便捷地引导到上部和下部空间，从而充分调动各个楼层的商业价值。垂直流线的布局引导一般通过自动扶梯和垂直客梯两种方式来完成，两种方式相辅相成，互为依托，形成一整套清晰的垂直交通体系。

商业场所中自动扶梯的布置原则是连续、均衡、高效，可以自然、顺畅地把顾客在楼层间传送。在舒适的商业场所中，一般一部客用自动扶梯的服务半径不宜超过40m，在人口密集区域常常每隔20~40m设置一组（图5.5）。

垂直客梯虽然载客量和使用效率远低于扶手电梯，但其主要作用在于便利地带动客流直接到达目的性消费层，例如影院、KTV、大型餐饮等，这种方式对提高商业舒适性也起到了很大的作用。垂直客梯一般布置在动线始末端或者中庭附近，使商业人流能快捷地上行、下行。

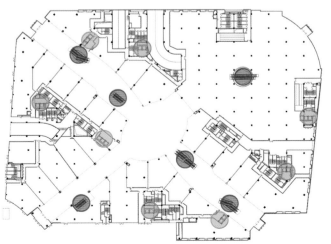

图例：
- 自动扶梯
- 客用垂直梯
- 后勤货梯

垂直交通布置参数参照表

类型	数量	所占比例	服务半径
自动扶梯（组）	6	1组/4000m²	12~20m
客用垂直梯（个）	7	1个/3500m²	30~40m
后勤货梯（个）	10	1个/2500m²	40~50m

图5.5　杭州万象城垂直交通体系

5.1.2
舒适愉悦的空间组织
——适宜的尺度设计、周全的细节展现

一．外围商业环境——广场和街道

商业广场是商业场所最重要的外部空间元素，作为城市和商业的联结体，一方面既是商业的外部展示窗口，另一方面也是城市的一个关键节点，有效地协调了城市和商业的空间关系。舒适、愉悦的商业广场应该具有较强的标识性、良好的比例尺度、宜人的景观设置以及细致的节点处理四个特征。商业广场一般可分为开放式广场和半开放式广场两种，场所舒适性在两种形态中均有着不同的体现。

1. 开放式广场

开放式广场与城市空间的融合度强，标志性明显，可有效地引导人流，同时也可以作为社会活动的举办场所，汇集人气。舒适的开放式广场往往契合了城市的自然肌理，与城市的道路交叉口、城市视觉轴线有着良好的呼应关系。

成都太古里商业广场很好地诠释了舒适性开放式广场的特点，其自然契合春熙路原始的城市空间轴线，并和成都IFS等周边超高层商业体量相互呼应，通过保留古老街巷与历史建筑，营造出一片开放自由的城市商业广场空间。在日渐拥挤且不断向高处发展的都市中心，太古里保留了一片低密度开阔空间。成都的城市色彩与质感，成都人的闲适与包容，点点滴滴的地域特色都在此融合，种种场所体验变得舒适、亲切且轻松愉快（图5.6）。

2. 半开放式广场

紧凑的城市空间往往缺乏足够的场地来设置一个开放性的场所，而半开放式广场的设置则可以很好地化解这个矛盾，半开放式广场往往和商业周边的城市环境有着较好的融合度，保持城市界面的合理延续，尺度感亲切、空间宜人，从而大大提高商业空间的舒适性，愉悦的心理体验让人在商业场所中流连忘返。

上海K11购物艺术中心位于繁华的淮海路一侧，在这寸土寸金的商圈，它并未采用传统的商业模式——为了增加坪效，把尽可能多的面积作为商铺，而是别具一格地在主入口内设计了一个精致的半开放式广场，将其作为主要的人流引导区域。广场空间尺度宜人，细节丰富，面积达280m² 的玻璃天棚和9层高的户外水幕瀑布使其充满现代时尚的商业氛围，其三面围合的空间处理手法，让置身其中的

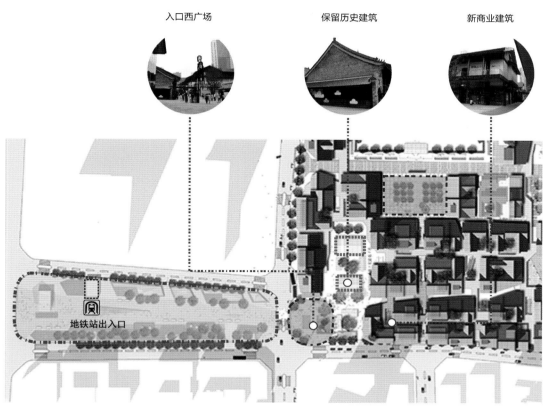

入口西广场　　　　保留历史建筑　　　　新商业建筑

地铁站出入口

图 5.6　太古里开放式广场与周边关系

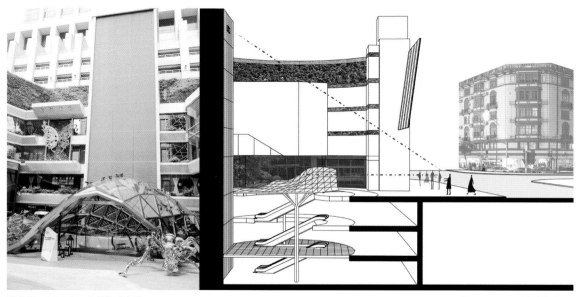

图 5.7　K11入口半开放式广场

图 5.8　K11广场剖透视图

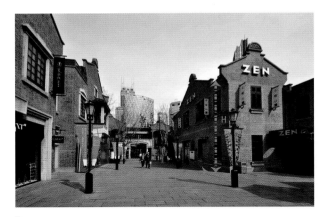

a.

b.

c.

a. D:H=1 人容易感受到舒适
b. D:H<1 人容易感受到空间的挤压
c. 2>D:H>1 可以形成视野较为开阔的小广场

顾客产生极强的空间领域感（图 5.7、图 5.8）。

　　商业街是城市和商业的自然融合方式，它既是交通体系，又是商业功能空间。街道的尺度和形态是营造舒适而愉悦的场所的关键。街道的尺度是影响人们生理和心理的主要因素，街道太短商业氛围很难形成，太长则容易给人带来疲劳感，影响其舒适性。适宜的宽度和一定的封闭性空间可以让街道具有更强的舒适感（图 5.9）。另外，适度的街道偏斜可以更好地引导人流，设置有吸引力的建筑或小品可以让街道空间更有驻留感，周边建筑物的高低错落和色彩明暗对比可以带给人们丰富的视觉体验，街道空间的适度变化可以让空间感不再单一。

　　宁波红星国际广场位于宁波市镇海区，项目采用传统小街巷的尺度比例来营造舒适的商业街氛围，整个街区宽度控制在 9~12m 范围，建筑控制在 2~4 层的体量，并且在 2 层以上区域做退台处理，来减少建筑体量对街道空间的压迫感。为了让人在街道内部能够舒适的行走逗留，街道每隔 100m 就设置了一个适度放大的内部广场，方便顾客休憩娱乐。这种布局形态很好的呼应了宁波当地传统的商业形态，给人们带来舒适的购物体验（图 5.10，图 5.11）。

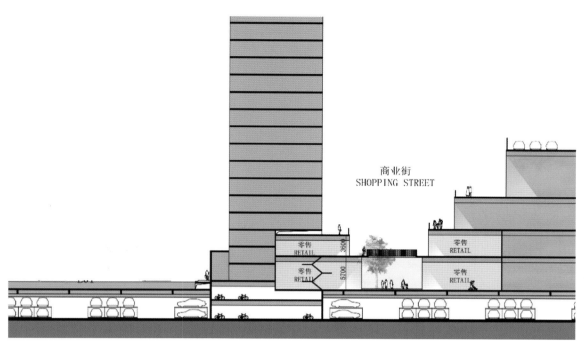

商业街
SHOPPING STREET

零售
RETAIL

零售
RETAIL

零售
RETAIL

零售
RETAIL

图 5.10 宁波红星国际广场剖面图

图 5.11 宁波红星国际广场商业街透视图

主入口门宽度 6.4m
主入口走廊宽度约 15m
主入口到达垂直交通距离约 23m

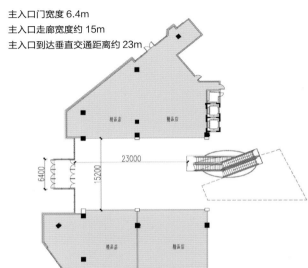

主要商业人流入口，同时设置接驳地铁口的地下商业街出入口

北侧办公、住区入口

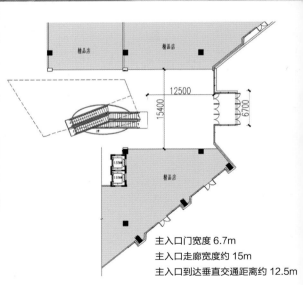

主入口门宽度 6.7m
主入口走廊宽度约 15m
主入口到达垂直交通距离约 12.5m

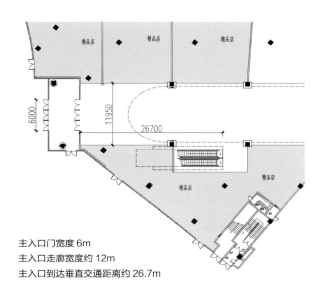

主入口门宽度 6m
主入口走廊宽度约 12m
主入口到达垂直交通距离约 26.7m

主要商业人流出入口，同时作为交通路口标志性入口

图 5.12 杭州万象城主入口尺度

二、内部体验空间

——商业主体空间＋辅助型商业空间

商业主体空间是人在商业环境中的主要活动场所。舒适的商业主体空间一般都有着人性化的尺度比例，充满吸引力的形态特征，较好的连续性以及适宜的空间比例关系。

1. 入口空间

作为商业室内外空间的过渡区域，舒适的入口空间既是外部空间的自然延续，也是内部空间的起点，其包容性和引导性显得尤为重要。入口空间对于商业场所的定位类同于住宅户型的玄关区域，肩负着缓冲、集散、展示和安置等多种功能，空间虽然不是很大，但是却有着对于整体商业空间舒适性的第一诠释。

杭州万象城在处理入口空间比例和尺度关系上，将其主入口门的宽度控制在6~7m，入口走道宽度控制在 12~15m，从门厅到最近的自动扶梯或垂直电梯距离控制在 30m 以内，这些尺度很好地契合了人的自然感受，带来了较强的舒适感。（图 5.12）

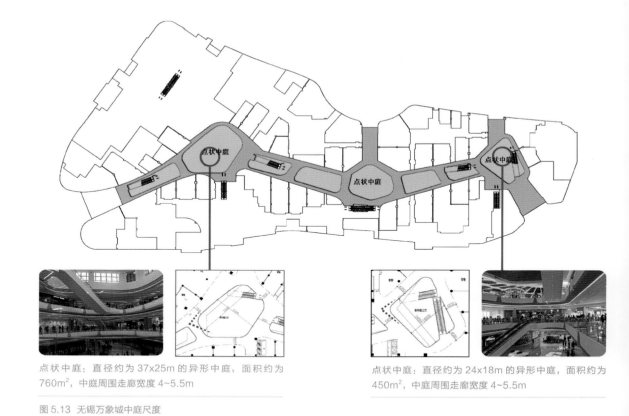

点状中庭：直径约为 37x25m 的异形中庭，面积约为 760m²，中庭周围走廊宽度 4~5.5m

点状中庭：直径约为 24x18m 的异形中庭，面积约为 450m²，中庭周围走廊宽度 4~5.5m

图 5.13　无锡万象城中庭尺度

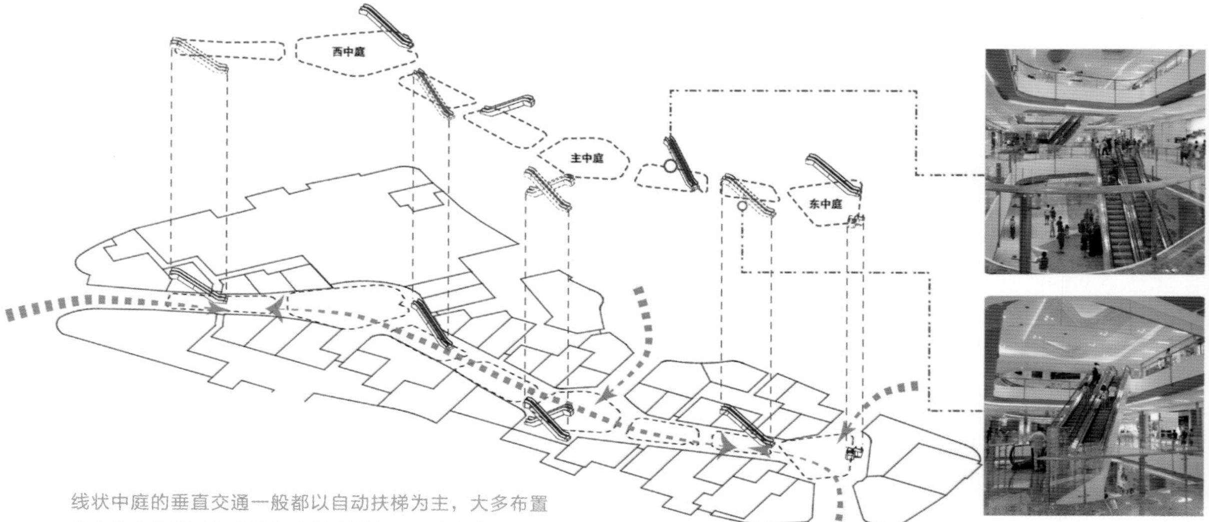

线状中庭的垂直交通一般都以自动扶梯为主，大多布置在商业主动线较为明显的区域且平行于商业主流线，带有明确的方向指引性。

　图 5.14 无锡万象城垂直交通研究

封闭采光的弧面屋顶形式使得整个中庭可以获得充足的采光，随韵律开启的天窗使得整个中庭空间变得丰富、活跃。

图 5.15 杭州银泰城中庭空间

2. 中庭

中庭作为商业内部水平、垂直人流动线的交汇点，展现了购物中心空间和景观的设计特色和精华，承载了文化、艺术、商业等多重功能。中庭可以提升购物中心档次，创造舒适的购物环境，放大人们逛街的愉悦体验，提升商铺价值，刺激冲动性消费等等。中庭的尺度、形状、高度以及中庭之间的联动性，对商业舒适性均有很大的影响，一般主中庭的面积在 800~1000m²，直径约为 24~33m，次中庭的面积在 300~500m²，直径约为 18~24m（图 5.13），合理的尺度设计、形态选择、空间划分都是体现商业舒适性的重要因素。

作为商业场所内部交通核心枢纽区域，中庭交通组织涵盖了中庭的出入口设置，扶梯电梯等垂直交通体系的安排，以及中庭的场所环境布局等方面。中庭出入口设置要考虑城市交通组织的要求，处理好其与外部空间的衔接关系，有效地引导人们的活动方向；采用立体布局方式分开设置，有效地避免流线之间的相互交叉干扰；设置合适的设备数量及区域，缓冲空间尽可能放大，以保证人流的通行顺畅（图 5.14）。

中庭是商业场所内部最重要的功能空间，也是创造独特商业氛围的主要场所，中庭往往可以为商业场所内部注入新的活力，空间艺术的创造使中庭成为整个商业场所独特而别具风格的视觉焦点（图5.15）。

同样，中庭空间也是人们休憩、观赏和交往行为的场所，作为一个多元化的活动空间，舒适的中庭空间可以很好地吸引顾客，增加营运收入，极大提升了商业场所的空间体验感。

3. 走道

走道是商业空间中商业行为发生的主要区域，其一方面是主要的商业内部交通区域，一方面是商家的主要展示空间，同时也是购物人群一个很好的交流体验空间。在商业走道设计中，顺畅的交通引导、适宜的尺度设计、良好的商业展示面，是其体现商业舒适性的主要依据（图5.16）。

4. 局部休憩空间

随着现代商业的长足发展，人的空间体验感在商业环境中已成为越来越重要的依据，舒适、令人轻松愉快的休憩空间能够有效地增加顾客的停留时间，减缓顾客的疲劳感，也丰富了商业的内部空间，带来良好的购物体验。现代休憩空间设计可以成为商业内部空间一个很好的亮点，譬如与一些主题性元素相结合，或是从文化层次上提升商业的体验感。如溧阳上河城在走道或中庭的边沿设置了多组公共休息空间，在满足购物需求的同时，为顾客提供一个可以休憩和放松的场所，延长了消费者在商场内逗留的时间，增强了商业场所的舒适性与愉悦感（图5.17）。

而体现人性化关怀的**辅助性空间**更多是作为辅助功能存在，其服务性和便利性较强，空间也应具有较好的私密性，

但又便于使用，标记清晰。舒适的辅助空间能明显增加商业的便利性和舒适性，给顾客以细致入微的体验感。商业辅助空间包括卫生间系统、导视系统、标识系统等。

1. 卫生间系统

在商业场所的辅助空间里，卫生间是与顾客联系最为紧密的功能空间。随着现代化城市系统的日渐完善，卫生间的设置除满足最基本的生理需求之外，在舒适性和功能性上有了越来越多的要求。舒适的商业场所内卫生间的分布应该是相对均衡的，位置标示清晰明了，也应该尽可能接近主要商业空间，以方便顾客的使用；同时，数量上也应满足需求，尤其是设置更大面积的女卫生间来满足商业环境中女性顾客居多的特点。另外，在功能空间上的合理细分也可以有效地提高场所的舒适性，如母婴室、儿童厕所、无障碍设施以及厕所外的等候区域，已经成为现代商业设施的基本配置，这些细节充分地体现了场所的人性化精神。

广州太古汇的卫生间设计既高档舒适，又充满人情味，从洗手台到地面、灯光的设计，每一个细节不觉奢华却

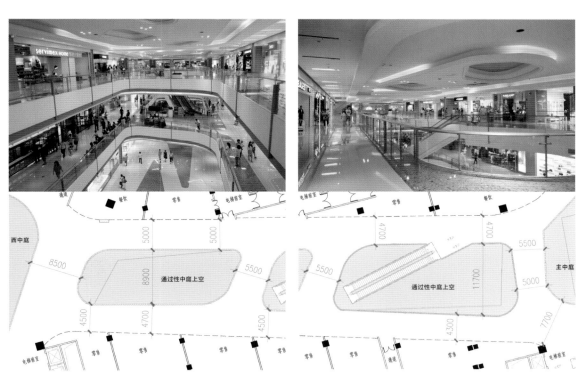

通过性中庭挑空部位宽度 9~11m，两侧商铺前走廊宽度一般不小于 4m，便于 4 股人流同时顺畅的通行，过廊宽度同样不小于 4m。

图 5.16　无锡万象城通过性中庭与走道的关系

图 5.17　溧阳上河城舒适的室内休憩空间

充满个性化的环形卫生间　　　　　　　　　　洗手台与灯光的细节设计

图 5.18　广州太古汇卫生间

尽显品味，给人星级酒店般的感受。太古汇在洗手间的设计和设施上也充分考虑人性化的需求。譬如，一二楼的洗手间全部是独立套间设计，每格厕所里就有盥洗台；在男厕，小便池会用高大的木板隔开，充分保护个人隐私。在洗手间配置方面，太古汇商场也是以顾客的需要与便利为首要考虑因素，以女洗手间的配置为例，在人流较多的 M 层和 MU 层均配有多达 50 个厕格，而整个商场内则有超过 130 个厕格可供同时使用（图 5.18）。

2. 标识导视系统

标识导视系统与商业场所设计密切相关，标识系统是指具有信息传递、识别、形象传递等功能的整体解决方案，包括广告位（一级广告位、二级广告位）、店招、入口大屏幕、中庭屏幕等。而导视系统是指具有导向、指示、引导视线等功能的一整套解决方案，包括服务台、标牌、Logo 墙、指示牌、入口标志、广场标志灯、宣传资料册、电子导视牌、电子导视屏等。好的标识导向设计应该及早介入，并根据项目整体气质进行创新，从而既起到导视作用，又展现项目的特色，与周围环境相协调。

商场标识导向系统在设计中要遵循以下原则：

准确性：标识信息应该准确、完整，不能错误引导用户或致使用户的理解与实际位置出现偏差。

简洁性：标识应该简单明了，使

楼层导视立式灯箱

大堂导视购物落地索引

墙贴式店铺导视

室内区域导视

悬挂式楼层导视

悬挂式楼层导视

卫生间标识

室外商场标识

图 5.19 上海国金中心标识导视系统

得用户易于尽快、准确理解信息。

连续性： 在到达目标位置之前，应在每个交叉口或消费者容易迷失的位置连续作出标识，这虽是一种形式的重复与延续，却加强了消费者的知觉认知和记忆。

易识性： 标识信息应醒目、清晰，易于被用户识别。

一致性： 同类别或同一个目标位置的标识应具有一致性，包括颜色、字体、规格等表现方式，便于用户的识别。

上海国金中心采用完善的导视系统，包括墙体导视、索引、电子互动购物指南及餐饮楼层索引等，及时、准确地传达商场信息，与整个建筑设计风格融为一体（图5.19）。比如触屏互动指南位于入口处、自动扶梯处、中庭处、电梯处等，清晰标注了店铺品牌、所处位置、楼层定位、商场服务等等，方便顾客有针对性地选择并快速到达店铺及

各个服务区域。又如卫生间的导视，从商场内各层标志的方向标，到通往洗手间的墙标，再到洗手间入口，如此完整、延续、到位的洗手间标识极大方便了顾客的如厕需求，不仅易于查找，同时又兼顾了标识的美感。而服务台则提供一站式贴心周全的顾客服务：商户优惠情报、广播节目资料、糖果派送、急救箱、失物招领、信息咨询、手机电池充电、本地传真服务、雨伞借用等等，人性化关怀得以充分体现。

a. 温馨柔和的暖色调室内空间

5.2
材质及细节
Material and Details

人的近距离感知范围直接决定了人的空间体验感，就普通人而言，周边 5~10m 区域是人感知最为强烈敏感的区域，因而这个区域的所有细节也就直接决定了其空间是否具备良好的舒适性，是轻松愉快购物体验最直接的反馈。材质和细节的表达有助于营造更为舒适的商业氛围，如材料、色彩、灯光、景观、标识等，都可以有效地烘托整个商业的氛围，并强化其场所感。

5.2.1
材质和色彩

材质和色彩是商业场所中最重要的表现手段，合适的材质和色彩可以充分表达出商业场所的定位、档次与风格。不同的材质会给人带来不同的心理感受，粗犷肌理的材质使人心理感觉稳定、沉静，光滑质感的材质则带来轻松、愉悦的感觉。大空间的粗犷肌理结合小空间的光滑细腻材质，再配以精细的重点装饰墙面，往往能创造舒适宜人的空间效果。

商业建筑的色彩应配合场所主色调，从而塑造出特定的氛围来吸引消费人群。不同的色彩在商业空间中带给人的感受是完全不同的，暖色调使人温和而安逸，可以形成快乐温暖的气氛，冷色调则带给人高贵雅致的心理感受，纯度明度较高的色调有着很强的视觉冲击力，给人以活泼刺激的感觉。

北京颐堤港室内采用明度较高的浅棕色、浅米色、棕色、金色等相近色调，使空间富于亲和力，展现商业场所明快、温馨的特质。整体设计风格回归自然，大量采用木、竹等材料，尽可能多地利用自然光线，灯光设计以暖色调为主，给人自然、放松的购物体验（图 5.20）。

b. 用天然材料和自然光线营造放松氛围

图 5.20 温馨舒适的北京颐堤港商业空间

标志照明

入口照明

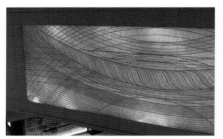

细节照明

图 5.21 东京中城自然舒适的灯光系统

5.2.2
灯光营造形式

灯光营造是增强商业艺术表现力的重要手段，良好的灯光设置能够很好地强化商业主题，给人留下极为深刻的印象。灯光设计要考虑使用者的感受以及与周围环境的协调性，对于展示空间来说，它强调的是给客人带来舒适的感受。

建筑立面照明应注重整体形象的烘托，即主体照明、入口照明、橱窗照明及广告标识照明等等，室内照明应考虑中庭、顶棚、栏杆扶手、扶梯等部位，如东京中城将点光源、泛光照明、内透光照明等手段相结合，灯光明亮柔和，营造出自然舒适的商业场所（图 5.21）。

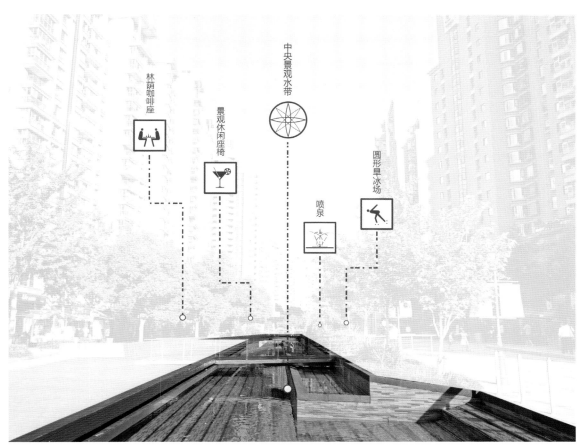

图 5.22 上海黄金城道步行街

5.2.3
景观组织形式

    景观小品、雕塑、绿化、水体等各种设施也是提升商业场所愉悦和舒适性的重要环节，它们不但可以创造各种丰富的商业场所空间，还能使人参与其中，与场所互动。通过对景观元素的布局来丰富充实街道生活，增加亲切感。利用景观树列、座椅、灯柱、室外咖啡座等共同塑造舒适宜人的尺度，一方面满足消费者亲近自然的本性，一方面又提供了适宜交往的社交场所。

    上海古北黄金城道步行街为行人提供一个连续、开放的公共空间，分三段的黄金城道步行街每一段都有其景观设计主体，从水景到活动广场，再到绿化景观，都给人们提供了亲身融入其中的机会，同时，创造性地利用各种材料来打造常见的户外活动设施如座位、零售亭和喷泉等，

使人们从中获得全新的视觉和心理体验（图 5.22）。

    随着社会的快速发展，人们对于生活品质的要求日益提高，但是以人为本的空间设计始终是体现场所舒适性的重要依据，也是商业场所设计的重要原则。商业场所舒适性的设计更应该关注人性化的尺度与空间，并创造性地提供具有体贴、关怀功能的服务场所，使消费者在购物消费的同时，获得一种更加轻松、愉悦的体验。

　图 5.23 上海浦东嘉里城实景

5.3
上海浦东嘉里城
Kerry Parkside

上海浦东嘉里城位于世纪公园西侧的花木路芳甸路，总建筑面积达 33 万 m²，由三个塔楼和一个裙房构成，是一座汇聚甲级办公楼、服务式公寓、五星级酒店和国际化商场于一体的现代商业中心，主要服务于周边境外人士与小资白领（表5.1、图 5.23）。

一、商业流线

浦东嘉里城通过人流、车流的恰当梳理打造出清晰高效的外部交通组织流线。由于人流主要来自于周边居民、展会人员及地铁三大类，因此在地上设置两大人流出入口，并辅以两大次入口，来自不同方向人流均可从不同区域快速进入建筑内部，并到达所需楼层。车流主要由花木路导入，芳甸路导出，共设置 3 个车行出入口，实现人车分流，互不干扰（图 5.24、图 5.25）。

在内部动线处理上，浦东嘉里城通过环形水平动线串联起各类业态，有效避免商业消极空间。B1 层呈闭合的双环形，将地铁人流、车库人流、展览人流有机地结合在一起；L1 层动线围绕中庭形成环形，来自不同方向的人流均可从不同区域快速进入内部，并到达所需楼层，保证了商铺的可达性；L2 层为环形动线，积极引入办公及酒店人流，同时增设两部电梯进入三层（图 5.26）。

垂直动线形式主要为自动扶梯和垂梯，B1 层至 1 层有 3 部自动扶梯，1 层至 2 层有 5 部自动扶梯及 2 部垂梯，并且仅有一条垂直动线笔直穿过三个楼层。垂直动线均位于项目走廊及死角处，有效的带动楼层间的客流（图 5.27）。

二、外部空间

浦东嘉里城利用建筑的自然形态围合出一个楔形的半开放商业广场区域，广场尺度精致，空间比例舒适宜人，周边建筑立面也通过大面积的横向线条处理有效地削弱了建筑的压迫感，给人带来亲切的同时，很好地提升了广场的驻留感，广场内部简洁清新的景观处理加上商业的半开放式营业方式，让这个广场积聚了极强的人气和商业氛围，形成了一个非常舒适和宜人的场所（图 5.28、图 5.30）。

表 5.1　浦东嘉里城经济技术指标

指标		数值	单位	指标		数值	单位
占地面积		58,948.6	m²	建筑高度	酒店	134.3	m²
总建筑面积		331,576	m²		公寓式酒店	99.8	m²
地上建筑面积		230,000	m²		办公	179	m²
其中	30 层酒店	70,000	m²		商业	23.8	m²
	28 层服务式公寓	34,000	m²	绿化率		15.11%	
	43 层办公	92,000	m²	停车位		1200	个
	3 层商业	45,000	m²				

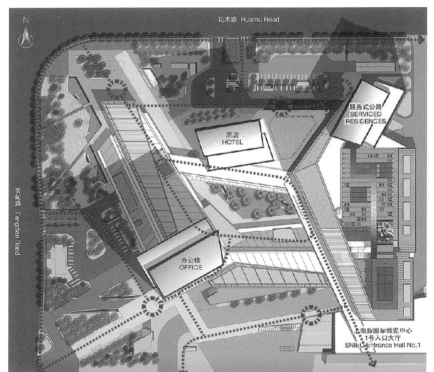

图 5.24 人行流线分析

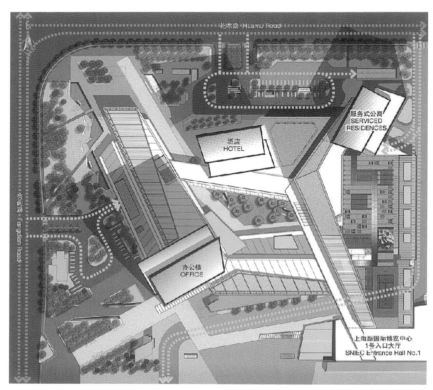

图 5.25 车行流线分析

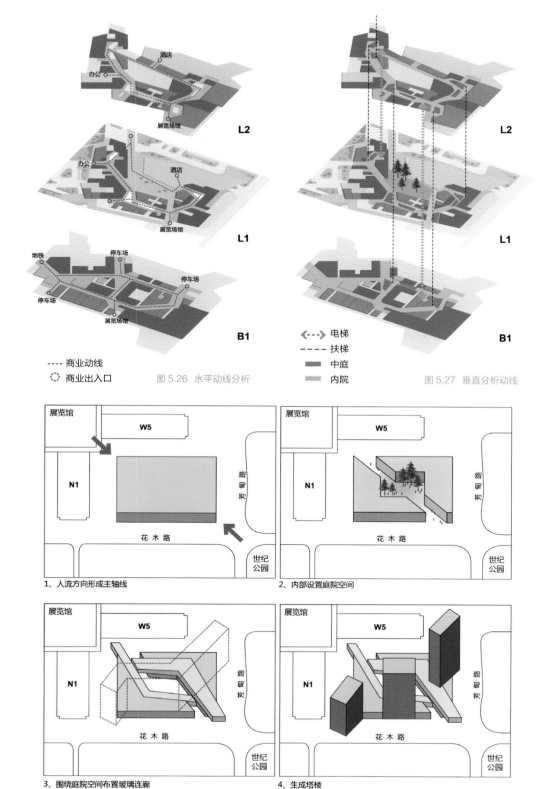

---- 商业动线

○ 商业出入口

图 5.26 水平动线分析

◀┄┄▶ 电梯

---- 扶梯

■ 中庭

■ 内院

图 5.27 垂直分析动线

1、人流方向形成主轴线

2、内部设置庭院空间

3、围绕庭院空间布置玻璃连廊

4、生成塔楼

图 5.28 上海浦东嘉里城概念生成

图 5.29 自然舒适的内部空间

建筑外立面为玻璃幕墙结构，简洁大方，与办公楼、酒店相呼应。通过不规则的外形赋予了商业体灵动之感，绿色的中庭给商业空间带来了大自然般的舒适感。众多玻璃幕墙的设置不仅增加商场采光，也使得商场各个楼层与内庭院相互可视，提升整体价值。裙房没有选择满铺，而是围合形成内庭，解决商业进深过大问题，利于设置外摆位、展位，是开展活动的理想场所。

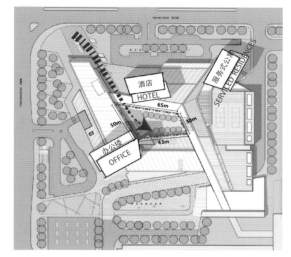

图 5.30 内院广场分析

室内休息区

室外小品

中庭绿化

室外水景

图 5.31 浦东嘉里城人性化景观设计

厕所标识

停车场导视

三、内部空间

浦东嘉里城围合而成的内庭院起到主中庭的作用，因此在建筑内部的中庭均为通过性中庭，尺度不大，但有效增加了各楼层的可视性，提升顾客购物时的舒适感。层高净高 B1 层、1 层 4.5m，2 层 3.8m，通道宽 5m，尺度宜人。浦东嘉

室内导视牌

室内广告牌

室内导视杆

与地铁接驳

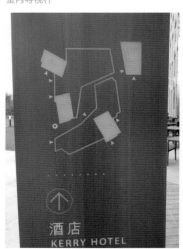

室内导视牌

　图 5.32　浦东嘉里城标识导视系统

里城强调空间的品质，整体材质、色彩都与之相匹配，内部装修以木质元素作为设计主线，顶部采用木饰面装修，通过横竖线条的交织，营造出灵动时尚的氛围。整体设计风格回归自然，大量采用木质材料，灯光设计以柔色调为主，给人自然、放松的购物体验（图5.29）。

在细节方面也尤其注重商业场所舒适性的打造，景观设计力求亲近自然、融合自然，如室外空间设置水池、喷泉、高大的树木；室内同样布置绿化盆栽，在走廊处放置带有绿化的长椅等等（图5.31）。导视系统形式多样，室外通过屏幕、导视牌等清晰地指示，室内通过放置于楼梯口及入口等的平面导视图、导视杆、指示牌等有效地引导人流。导视系统有效增强了项目的标志性，强调消费者的使用便利（图5.32）。

智能手机和移动终端的普及，移动互联网和
社交网络的兴起，对消费者购物习惯、商业
场所运营管理都产生了巨大的影响。线上线
下一体化、现实增强、虚拟现实等技术的突
飞猛进，传统商业场所在空间与地域上的界
限逐渐模糊，从建筑实体向移动互联化、虚
拟化方向拓展，为人们带来了无限的可能与
体验。

6

移动互联
背景下的
商业场所
Commercial Place
in the Context of
Mobile Internet

6.1

移动互联的发展及其影响
The Development and Influence of Mobile Internet

互联网的移动化伴随着智能终端的普及而发展。2007年末谷歌 Android 开源系统的发布以及 2008 年初 3G 网络的商用，促使以智能手机和平板电脑为代表的移动终端得到迅速普及。随着互联网的移动化，互联网对人们生活的全方位渗透程度进一步增加。除了传统的消费娱乐以外，移动金融、移动医疗、移动办公、移动用车等新兴领域的移动应用多方位满足用户的日常需求，推进生活方式的进一步"移动化"。其对消费者购物行为的影响主要体现在三个方面：

6.1.1
碎片化的购物行为

移动终端以远高于 PC（个人电脑）的使用时间陪伴其用户身边，其便携性与随时随地的使用性使用户接入互联网获取信息和服务的成本大大降低。这种使用户对碎片时间的有效利用，决定了移动互联网的应用场景必然是碎片化的。根据 CNNIC（中国互联网络信息中心）的《2016 年第 38 次中国互联网络发展状况统计报告》，至 2016 年 6 月，我国手机网民的总体规模已达 6.56 亿，网民中使用手机上网人群占比由 2015 年底的 90.1% 提升至 92.5%。而这些基于移动端的网络购物行为的场景呈现出明显的碎片化特征（图 6.1）。

6.1.2
信息平等的购物选择

人是商品的消费者，同时也是信息的消费者。移动互联网的普及，给予了信息一个无所不及的承载平台。通过移动终端，消费者在寻找和匹配商品方面不再受限于单一的渠道，他们在各种场所、各种平台都能够方便的获取海量的信息用

于商品和价格的比选。2015 年知名市场咨询公司 Ipsos 针对我国一二线城市消费者的一项调查显示，人们在实体店购物的过程中，有 97% 的智能手机用户曾利用移动互联网辅助购物，其中 71% 的消费者曾在实体店内利用手机比较商品价格，61% 的消费者利用手机查询商品评价。此外，数字营销机构 ComScore 的调查也显示，进入实体店铺的消费者中，有近六成会选择随后在网络上购物。因此，零售巨头沃尔玛 CEO——Mike Duke 称，零售业正在进入"价格透明新纪元"（图 6.2）。

6.1.3
长期交互式的购物体验

移动终端的普及对于商家来说，意味着与每一个个体用户的距离被空前的拉近。商家可以借助移动端平台直接触及每一个具体的消费者，并与其形成长期的交互关系。以联想为例，其"大微 mall"微信平台正是以消费者购买产品为入口，将其包入自己的移动端平台内，并通过投以长期的时间资本在用户养成和互动上，来确保自己未来的收益回报。对于用户而言，这种与商家之间的交互关系一旦建立，就意味着对其他同类型商家树立起了较高的门槛。

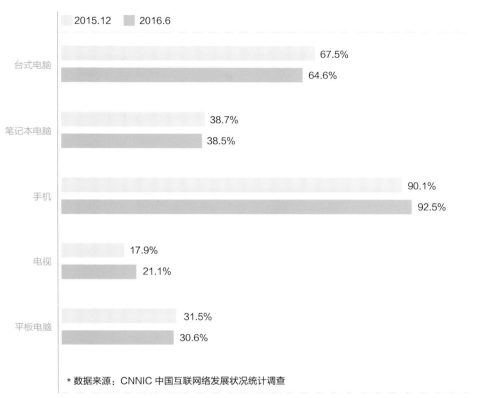

* 数据来源：CNNIC 中国互联网络发展状况统计调查

图 6.1　互联网络接入设备使用情况

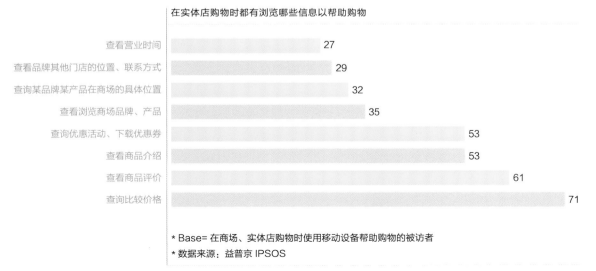

* Base= 在商场、实体店购物时使用移动设备帮助购物的被访者
* 数据来源：益普京 IPSOS

图 6.2　消费者在实体店购物时使用手机辅助购物情况

6.2
移动互联化背景下传统商业场所的应变
The Reply of the Traditional Commercial Place under the Background of Mobile Internet

6.2.1
线上线下一体化——商业泛场所化

商业中最基本的三个商务行为——营销、交易和消费体验，原来在线下实体场所和线上虚拟平台上泾渭分明地开展着，而随着移动互联的普及，线上和线下之间的互动变得异常紧密，传统的商业场所在空间和地域上的界限得到了空前的拓展和延伸，呈现出泛场所化的趋势，而这种泛场所化的商业目前主要体现在全渠道购物和碎片化销售两个方面。

1. 全渠道商业场所

所谓全渠道，就是通过整合线下实体商业场所、线上互联网平台与移动终端平台，实现三者之间的无缝连接和实时互动，为消费者提供无差别的服务。其核心内容是对所有商品实现单品管理，并让实体门店兼顾小型配送中心的功能（图6.3）。

以我国的上品折扣杭州下沙店为例，通过线上线下一体化转型，其实现了上品本网、多渠道网站、移动终端平台以及实体门店四个渠道之间所有库存的实时联动，消费者在其实体门店内挑选的任意商品都可被自动添加到其线上"购物车"内，逛完整个商场后，消费者可直接在移动端付款并提走之前挑选的所有商品，或离店后在线上平台付款甚至重新选购商品，再由实体店送货上门。

此外，美国的百货业巨头梅西百货作为全球最早"触网"的零售企业之一，早在2006年就开始逐步构建线上线下一体化的全渠道转型，其核心理念是让顾客知道，梅西百货能够满足他们的一切购物需要：无论是在梅西实体店里、在梅西网站、在梅西移动应用上还是在其他梅西品牌的渠道——

关键是让消费者选择梅西品牌。为了实现这一目标，梅西百货将网上购物的精华与实体店购物的体验相结合，打造线上线下体验无差别的服务，具体手段主要包括其推出的以加速购物结算流程和"移植网上购物体验"为目的的多项互动性自助服务技术，如"美容小站（自助服务机）"、"客户响应设备（支付钱包等）"等（图6.5）。同时，梅西百货也努力在其网上商城加入典型的"实体店特性"，比如虚拟试衣技术可以让客户在网上像试穿一样精准地选择牛仔裤。

全渠道转型后的实体商场，结合了线上与线下两者的优势，在实体商业场所中实现了空手购物和实时比价的购物体验，并将对消费者的服务在时间与空间上拓展到了远大于其实体商场的服务范围，从而使实体商业场所更加专注于体验性和展示性，构建了一个"后台实时库存体系 + 多形态终端实时触及用户"的全渠道商业场所。

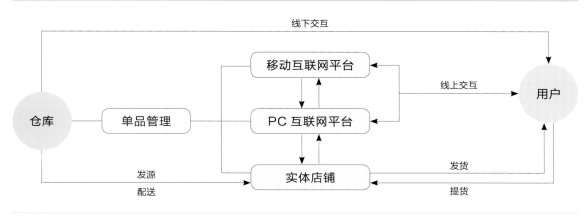

图 6.3　全渠道的商业模型

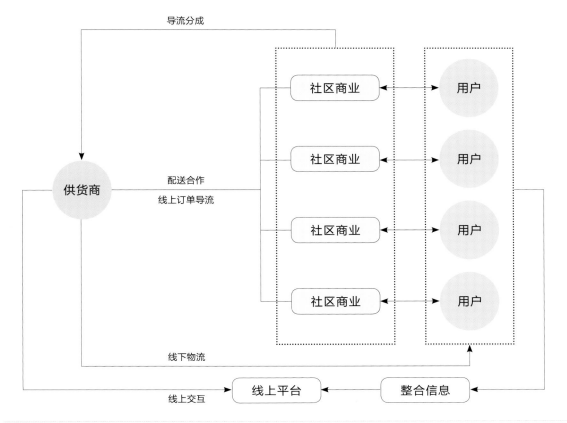

图 6.4　碎片化的商业模型

2. 碎片化的商业场所

移动互联网的普及，使传统的大型供货商与其产品的用户直接接触的成本被极大地降低。大型供货商可通过移动终端平台整合其用户资源，更加针对性地将自己的产品需求匹配到其货源配送合作的社区商业内，从而使自己的产品销售和服务不再是面对一个模糊的群体，而是一个个具体的用户。这种在线上对于用户群体和社区商业双方面的整合与匹配，使得原来不相关联的小型社区商业之间形成了一个空间上不连续，在信息利用、服务组织上一体化的有机体，表现为一种碎片化的商业场所。这种商业场所表现为空间布局散点化，商品内容专业化，服务方式统一化（图 6.4）。

以医药供应商九州通为例。九州通正是通过移动互联网整合了庞大的用户资源并统一经营其用户群，再将不同的用户需求分流到自己线下的合作药房，以其全国最广的仓储覆盖分布范围和 10 万家深入社区的药房货源配送合作，打通了距离用户的最后一公里，将原来分散的社区药房连成网络，为用户提供标准化和针对性的服务，从而完成了传统的零售和电商都无法做到的用户体验。

同样具有庞大的线下资源与完善物流体系的国内快递标杆顺丰快递也正尝试类似转型，"嘿客"实体店作为其 O2O 服务的敲门砖，至 2014 年在全国范围内迅速铺开，至 2015 年初已达 2975 家，主要围绕高档居住小区建设，其主要目的仍是为其线上服务引流，通过线下的虚拟展示技术和其强大的物流支撑，将线上服务的体验进一步碎片化地植入到用户身边，从而构建"聚集于线上，碎片化于线下"的商业场所（图 6.6）。

图 6.5　支付钱包与虚拟化妆镜

图 6.6　"嘿客"实体店

6.2.2
现实增强——可拓展的商业场所

2010 年，现实增强技术（Augmented Reality，简称 AR）受到行业内越来越多的关注，它可算是虚拟现实技术的一个分支。但不同的是，AR 技术侧重于将虚拟的画面与现实实景相叠合，把虚拟的数字信息映射到现实中去，从而使现实场景得到补充和拓展。

将现实增强技术应用到商业场所中，其在用户体验和效率等方面的作用不容小觑。目前，其应用范围主要是通过用户随身携带的智能移动终端如手机、平板电脑及智能眼镜实现对商品展示和实体场景的增强。

1. 商品的拓展

以伦敦的"想象力商店"Imagine Shop 为例：2014 年 1 月 6 日，一艘由扎哈·哈迪德为德国造船厂 Blohm+Voss 设计的游艇"爵士号"被完整地"搬入"了店内。在 imagine shop 的正中央，一张乒乓桌大小的矮桌被蓝白双色的图案覆盖，顾客只需通过手上的平板电脑或智能手机摄像头捕捉桌面上的图案，"爵士号"就会出现在屏幕当中，并且与周边的实景完美的叠合在一起。顾客可以随意地变换位置和角度来观察"爵士号"的所有细节，甚至当把摄像头置于二维图像内部时，顾客可以"进入"到游艇的内部空间进行观察。除此之外，Imagine Shop 内的自有品牌 Dezeen 手表店也采用了相同的技术，店内所有的手表都需通过智能移动设备观察，而顾客若想试戴手表，只需戴上一个印有二维码的纸环在电子屏前"照镜子"就可观察不同款式手表的上手效果（图 6.7）。

通过读取二维码图案，生成填充于实体空间的三维立体影像的展示方式极大地增强了商品展示的任意性与更换的灵活性。此外，更有直接生成 3D 投影或通过读取人体信息并叠加影像的技术如 Me-Ality 虚拟试衣间、iStep 足部测量仪、Color IQ 虚拟化妆镜以及全息投影陈列柜等，进一步提升了消费者与虚拟商品的互动性，使商业场所的空间尺度不再受商品大小与数量的影响，未来的主力店也许只需根据消费者的流量来确定面积大小，在更大程度上还原到人的尺度。

2. 场所的拓展

除了商品信息的展示，现实增强技术也可应用在更大场景的扩展方面。例如 2014 年谷歌发布的 Ingress 就是一款基于整个城市公共空间的现实增强游戏。在游戏中，玩家分为两派并以颜色区分，而手机客户端将通过现实增强技术把城市中的公园、雕塑、标志性建筑物和其他一些公共场所变为玩家的据点，而玩家的任务就是要通过指定的方式抢占这些城市中的据点。例如当一个公园被某一派玩家彻底抢占之后，通过 Ingress 观察这个公园就会看到绿色边界和这一派玩家的徽章。通过现实增强，Ingress 将整个城市整合成了一个开放的游戏场所（图 6.8）。

图 6.7　虚拟试戴手表和"爵士号"游艇

　　同理，将现实增强技术应用到商业场所中，可使不同商业氛围的创造变得更加高效而有趣，未来也许只要带上智能眼镜，就能感受商场内不同的主题空间、节日气氛，以及动态的虚拟营销活动等效果。甚至，现实增强技术可能将商业场所拓展到任何地点。通过智能眼镜观察公园、广场、街道甚至是建筑立面上的二维码，就能逼真地看到商品的立体影像并可随时在线上支付完成下单，从而使商品与购物行为不再局限于传统商业场所的限制。

图 6.8　Ingress 现实增强游戏

图 6.9　北京朝阳区大悦城

6.2.3
大数据化的商业——更人性化的商业场所

随着移动互联网的发展，大数据对消费者购物行为的全方位渗透进一步增加。移动端通过更加实时地获取用户信息，尤其是地理位置信息，可以更加碎片化地去描绘用户的生活轨迹，记录用户每一秒的行为。商家通过将这些碎片化的信息进行整合与分析，可以洞察消费者的行为模式，预知消费者的行为轨迹，增强与客户的互动，实时调整商业服务的内容、方式以及商业场所的规划布局。

以北京朝阳大悦城为例，商场内利用 WIFI 热点登录情况对客流进行实时追踪，发现顾客因为对之前动线的熟悉和习惯，不太愿意前往商场四层新开业的区域。为此，大悦城对商业场所的规划布置做了适当调整，在四层新老区域交接的位置开发休闲水吧，打造特色风情景观，设置休息区，提供无线上网。这一主动变化，迅速的使新区域的销售量有了明显提升（图 6.9）。

此外，苹果公司基于蓝牙技术开发的精准微定位技术 iBeacons 使购物中心不仅可以对顾客进行定位跟踪，还可以主动输送信息、向顾客问候并根据顾客位置发送商场导航及就近商户的优惠信息。对于购物中心而言，通过对消费者实时输送导航及商户信息，使顾客迅速了解所需购买的商品或服务在商场内的布局，有利于提升商场的购物体验并消除商业冷区和支动线等不利因素；对商户而言，通过顾客的信息反馈有助于调节库存，并对橱窗展示作更合理的调整，借此来提高坪效。

6.3
移动互联化背景下未来商业场所的展望
Prospects for the Future Commercial Place in the Context of Mobile Internet

6.3.1
物联网——智能化的商业场所

物联网，即物物相息的互联网，其核心概念是将相互连接的终端扩展到任何物品与物品之间。当更广泛的日常生活用品，甚至场所本身被智能化地接入互联网后，场所便能全方位地收集用户信息，从而进行整合分析，为每个用户建立一套完整独立的数据系统。因此，物联网化的商业场所能主动对消费者的明确或潜在需求产生相应的反馈，为消费者提供一整套更加细致周到的定制化服务（图 6.11）。

必胜客概念餐厅方案是一个典型的物联网商业场所案例。餐厅内餐桌的桌面是一个巨大的触摸屏。入座之后，顾客把智能手机放在桌面上，屏幕便会被激活，其私人账号会自动登录，餐桌可根据顾客的喜好、健康状况等推荐相关菜品。点餐时，餐桌上呈现出一个 1:1 的 Pizza，顾客可以定制 Pizza 的大小、馅料、食材、配菜等，还可以实时地看到自己定制的 Pizza 是什么样子。下单后，点餐桌面会提供多种支付途径，由顾客选择最便捷的方式通过智能手机完成支付，在等待上菜的过程中，餐桌还会推荐各种游戏供消费者娱乐（图 6.10）。

餐桌与消费者智能手机的连接虽然只是物联网应用的初级方式，但已给餐厅带来了完全不同的消费体验。以智能终端为媒介，场所本身在一定程度上已具备了针对消费者的个性化服务能力，在未来，全面物联网化的商业场所，不再是一个简单的商业行为的容器，而是一个能够主动地，全方位满足消费者个性化需求的智能化场所。

图 6.10 必胜客概念餐厅与用户手机感应的智能餐桌

图 6.11　连接一切的物联网

6.3.2
虚拟现实——无限扩展的商业场所

　　虚拟现实技术正在被越来越多的商业机构纳入到自己的创意版图中来，其通过逼真的三维动态模型或实时影像，为消费者提供一个全新的商业展示与交互平台，以全方位的表现手段给消费者带来强烈的感官冲击，产生强烈的代入感和参与感，拓展商业场所信息传达的维度与效率。

　　以伦敦 Topshop 旗舰店为例，2014 年 2 月 16 日，Topshop 伦敦牛津街旗舰店的橱窗内，若干名顾客头戴特殊的 VR 虚拟现实眼镜，通过一种远程虚拟 3D 直播的方式，成了正在泰晤士河畔泰特现代美术馆涡轮大厅内举办的 Topshop Unique AW14 时装秀的前排席上嘉宾。体验着人在场所外，却"身临其境"地全方位欣赏 T 台秀的感受，顾客甚至被"邀请"

图 6.12　虚拟现实主题公园 The Void：虚拟眼镜模拟现实场景

至后台，亲眼见证 T 台上的模特是如何被打造出来的。虚拟现实使这样的体验不再是时尚编辑或名媛们的特权。

此外，美国犹他州于 2016 年建成的世界上第一座虚拟现实主题公园 The Void(The Vision of Infinite Dimensions) 是商业娱乐级的虚拟现实技术的首次大型应用。其应用超前的虚拟现实技术，将允许玩家以一种完全沉浸和真实的方式，来观看、走动甚至是感受这个数字生成的世界。比起观看电影或者单纯地玩游戏，它更像是一个让你生存其间的世界。该主题公园的原型舱面积为 $90m^2$ 左右，其通过大量可移动的墙体构成大小不同的房间和回廊以适应不同游戏的需要，而将来的游戏舱的面积可能扩大到 $3000m^2$ 以上，原型舱内的各种道具、开关、升降设备、风洞等，都与虚拟世界内的场景实施联动，构建了一个空前真实的虚拟世界（图 6.12）。

虚拟现实技术使商业场所不受地域的限制，在"空间"上无限扩展。未来，虚拟现实将进一步由展示向交互发展，从而使虚拟的商业场所可在更大程度上承担实体场所的功能。未来，也许只需通过智能移动终端就能随时随地"进入"一个无所不在的商业场所。

良好的商业场所要与商业项目的定位运营、业态能级、消费客群高度匹配，通过对华润置地、万达集团、凯德商用、鹏欣集团等典型开发商及开发模式的梳理，提炼与归纳出企业诉求以及与之匹配的商业项目设计重心，打造出彰显企业文化、符合产品定位的商业场所。

7

匹配化
场所设计
Matching
Commercial Place
Design

优秀的商业场所，良好的商业空间的存在和感知要与商业项目的定位运营、业态能级、消费客群高度匹配。场所设计只是商业项目启动的一部分，由于每个项目的性质、周边情况、开发商诉求、运营商利益点都不一样，所以只有相应匹配性的商业场所才能既体现场所的均好性，又满足利益的有效性。

商业设计要与开发商的开发模式相匹配，在中国，商业地产的开发模式主要包括产权销售模式和持有经营模式。产权销售开发模式即产权与所有权分离，快速销售盈利再投资模式；而持有经营开发模式即长期持有物业模式。因此，针对不同的开发模型——同一种销售型商业也包含散售、售后返租、先租再售、半租半售等各种方式；同一种持有型经营物业也有通过企业融资、基金投资（REITs、私募等）、股权投资等，也会带来不同的商业场所要求（图7.1、表7.1）。

不同的开发商因其资源不同采用不同的开发模式，而模式的差异则决定了产品线的定位。一般而言，为应对不同层次的人群与需求，同一个开发商会有一条或多条产品线，一方面，产品线鲜明的主题与形象定位不仅能够塑造出商业地产的差异竞争力，更重要的是能够放大商业地产的辐射半径，加强其辐射吸纳力；另一方面，产品线更易形成标准化的模式，一旦首个标杆项目开发运营成功，可以此为模板快速复制和扩张。而差异化的产品线又对应着不同的场所语言，因此，在商业场所的设计中，除了要考虑与开发商的开发模型相一致，也要与开发商的产品线相匹配。

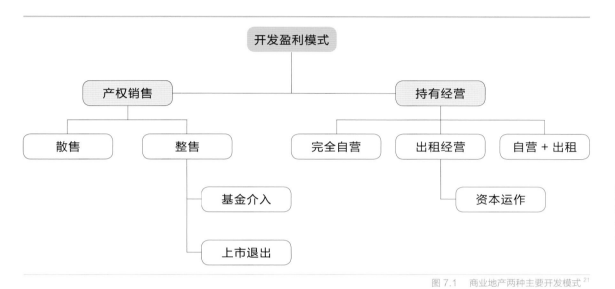

图 7.1　商业地产两种主要开发模式 [21]

表 7.1　各种商业运营模式分析

运作模式	特色分析
只售不租	出让产权：快速收回投资，产生于开发商对足够运作资金的渴求。 由于这种"融资"发生在项目建成之前，很多不确定因素使小业主的投资风险加大
	转租：即将商铺的买卖、管理、经营分属三个主体，整合资源、专业经营、规避风险、保障收益
	售后招商：对投资者的权益很难保障
	先招商，后出售：在销售前通过引入品牌商家作为主力经营公司来聚集人气，做旺商场，同时为投资者提供信心和收益保证。在铺位划分时，一般也会考虑到实际经营的需要，考虑分摊面积和消防通道。这种模式比较成熟，对投资者的利益也更有保障
只租不售	产权掌握在开发商手里，可以抵押再贷款，还可以在增值后出售，甚至可以将商业物业进入资本运作，是商业地产最为成熟和保障的方式，但开发资金要求高
又售又租	部分租部分卖，出租部分起示范作用
分割产权商铺出售	售后从投资者手中取得经营权，对购物中心进行统一经营和管理，可以收回部分投资，而且能够掌握经营权
不售不租自主经营	同时赚取投资开发利润和商业经营利润
商家联营	以物业为股本，成立专业商业经营公司合伙或合作经营；在聘请专业公司进行统一操作的基础上，发展商可以根据专业公司结合招商和借助专业的意见综合评估各项预期，进行最终的确定，以实现利益最大化的目标

7.1
华润置地
China Resources

华润置地有限公司是华润集团旗下地产业务旗舰，中国内地最具实力的综合型地产开发商之一。华润置地坚持"住宅开发＋投资物业＋增值服务"的开发模式，投资物业发展了城市综合体万象城、区域商业中心万象汇／五彩城和体验式时尚潮人生活馆欢乐颂三种模式，在引领城市生活方式改变的同时，带动城市经济的发展、改善城市面貌。

7.1.1
开发模式与企业诉求

华润集团作为母公司，其雄厚的资金实力、商业资源亦是支撑华润商业地产开发的重要保障。在开发模式上，华润置地坚持物业持有型模式，尤其注重持有型商业物业的选择和持有型物业的组合策略。华润置地选择全部持有的物业一般位于一二线城市核心地段、较为成熟且出租率和租金收益达到一定水平的物业，另外一些具有潜力但不太成熟的物业选择部分持有。

目前华润打造的商业产品，按照辐射区域，形成了万象城、五彩城、欢乐颂三个系列（图 7.2，表 7.2）。万象城、五彩城、欢乐颂等级逐渐降低，分布范围却逐渐增加，三大产品线规模逐渐降低，开发资金逐级降低，但周转愈加灵活，产品档次也是由高端到中高端再到中端大众消费。三大产品线分别承担了都市综合体、区域商业中心和邻里中心的定位，明确清晰的产品线，为华润置地抢占了更多的市场，同时分散了市场风险。

在华润的多条产品线中，"万象城"系列是其主打品牌，定位于高端路线，打造购物中心、写字楼和高级公寓组成的中高端城市综合体。高品质的定位使得华润置地对万象城的投资巨大，2008 年深圳万象城总投资 30 亿，2010 年杭州万象城总投资 50 亿港币，而 2015 年启动的武汉万象城总投资高达 130 亿。相对应的，"万象城"系列的开发周期也相对较长，达 3~5 年时间，为缩短万象城开发周期，一方面华润置地采用标准化建筑设计，提炼出商家和顾客的核心诉求，例如层高、中庭面积、商铺面宽等等；另一方面在招商上，固化高端品牌的引入，由华润置地总部统一管控。

同时，在选择租户方面，总体把握品牌数量和档次，选择更有影响力和成长性的品牌，并坚持全部持有自主经营。通过在零售行业和商业管理方面积累的丰富经验，华润置地保证了每一座新开发项目持续稳定的运营。

7.1.2
匹配性场所感知与设计

随着万象城系列在全国的推广，华润置地对商业空间的研究及实践愈发成熟，动线尺度、中庭大小、扶梯设置、微环境调节等都得到了较好的控制，打造出高品质的购物环境，使消费者对品牌产生了较强的认同感与归属感。

在立面设计上，万象城强调建筑的整体性，注重户外空间的打造，关注地域特色及文化元素。如杭州万象

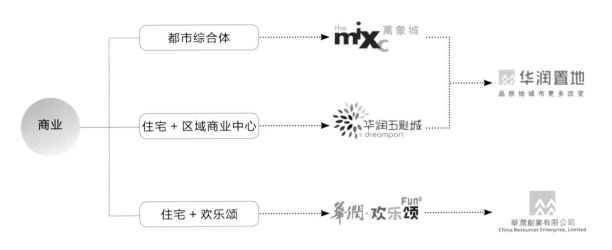

图 7.2　华润置地产品线

表 7.2 华润置地产品线对比

	万象城	五彩城	欢乐颂
体量	20 万 m²	10-20 万 m²	3-8 万 m²
分布城市特点	一线城市及二线省会城市，区域性经济中心	二、三线城市为主	二线城市为主，占近七成
进驻城市开业时人均 GDP	大部分在 12,000 美元以上	10000 美元以上	大部分在 10,000 美元以上
位置选址	核心地段商务区域或新 CBD	大型生活区 CBD 或者其他区域商业中心	大型社区，区域商业片区
档次定位	高端	中档偏高	中档
开发模式	买地自建、合作开发、收购重建	买地自建	买地自建、租赁物业合作开发、收购重建
必备物业	商业、住宅、写字楼、酒店	商业、住宅	商业
商业业态构成	业态丰富，零售为主，有大量百货	偏向特定业态：服饰零售、餐饮、娱乐	偏向特定业态：服饰零售、餐饮、娱乐、超市

图 7.3　杭州万象城流动的立面造型

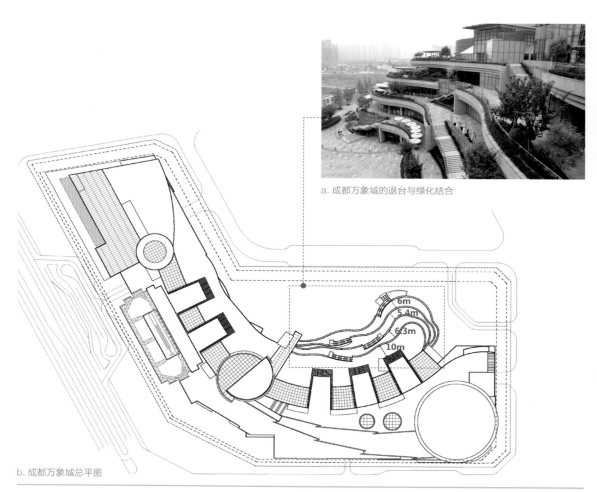

a. 成都万象城的退台与绿化结合

6m
5.4m
6.3m
10m

b. 成都万象城总平图

　图 7.4　成都万象城层层退台设计

城的设计语汇源于"钱塘江"的概念——波浪式的立面、错落的平台、迂回的铺地图案、自然植物、屋顶花园等，与流线型立面所代表的"都市和现代"形成了鲜明对照（图7.3）。而成都万象城则是充分考虑成都人热爱休闲，享受自然的人文特性，通过层层退台的设置，将室内与室外、建筑与自然环境巧妙地融为一体，顾客可以通过退台上的楼梯自由进出购物中心的每一层（图7.4）。

相较于时尚感，万象城更强调商业场所的舒适性和高贵大气的空间品质，为保证商业空间良好的使用性，万象城的购物中心基本都是独立存在的，将住宅、写字楼、酒店等塔式高层或超高层设于地块边角位置，商场内部的公共空间不得出现柱子，层高多在5.6~6.8m，最大限度减少对购物

中心的影响。如杭州万象城的中庭空间，玻璃天窗将自然光线导入室内，约1200m^{2}的中庭使购物者视野开阔，获得丰富的视觉感受，增强了店铺的展示性及可达性。在材质上，万象城以高档的石材和玻璃幕墙为主，在色彩上，以高雅的香槟色和金黄色的暖色调为主，凸显出万象城高端奢华的定位。宽敞的中庭设计、各楼层之间便利的交通系统以及考究的装修和灯光效果共同营造出万象城高端、时尚、舒适的购物氛围（图7.5）。

a.   b.

c.

a&b：杭州万象城舒适而大气的室内空间
c：杭州万象城宽阔的中庭设计
杭州万象城，内部墙壁和地面以花岗岩为主要材料，色调以暖色调为主，给人时尚舒适的感觉

图7.5　杭州万象城室内空间　　173

7.2

万达集团
Wanda Group

万达商业地产股份有限公司是中国商业地产行业的龙头企业，万达商业地产公司拥有全国唯一的商业规划研究院、商业地产建设团队、连锁商业管理公司等，形成商业地产的完整产业链和企业的核心竞争优势。万达广场历经 10 年发展，已从第一代的单店、第二代的组合店、第三代城市综合体，发展到第四代文化旅游地产（表 7.3）。

最成熟的第三代城市综合体是万达集团在世界独创的商业地产模式，内容包括大型商业中心、城市步行街、五星级酒店、商务酒店、写字楼、高级公寓、大型社区等，集多种功能于一体，形成独立的大型商圈。而从第四代文化旅游综合体开始，万达对业态配比等内容进行了大幅度的调整：不再以商业为主，而是以文化娱乐为主，零售占比低于25%。第四代产品规模上升至百万平米级别，是以"文化"为核心，兼具旅游、商业、商务、居住功能的世界级文化旅游项目，包括室内外主题乐园、秀场、电影乐园、滑雪场等多种娱乐体验业态，致力于打造未来中国全新的文化产业。

7.2.1
开发模式与企业诉求

万达地产的商业模式主要采用"现金流滚动模式"，一方面通过物业销售获得大量回款，另一方面通过与银行签订经营性物业抵押合同获得贷款，这两部分现金流成为后续项目开发的启动资金，依次往复形成连续的滚动开发，持续而快速的复制、圈地、扩张。在运营模式上，除部分出售型商业街外，万达商业广场以持有经营为主，销售物业的回款能够平衡土建、土地成本等支出，等于免费拥有一个购物中心，追求长期租金收益和物业增值。

因为万达广场体量较大（10~20万 m^2），开发周期紧凑（一般为 1~1.5 年），万达采用"订单商业"模式（图 7.6），

事先确定目标商家，除万千百货、万达影院、大歌星 KTV 等自主商户资源外，万达还与大量零售商家建立了长期合作关系，各个地方公司拥有众多本土零售商家资源，在建筑设计初期即可量身定做，根据不同的业态需求进行设计，最大限度减少建筑中需要改造的地方，节省了时间和成本。

7.2.2
匹配性场所感知与设计

在业态构成上，万达第三代城市综合体确定了包括万达大型购物中心，万达五星级酒店，休闲文化街、室外商业步行街及城市商业街，甲级高档写字楼，高档住宅及配套设施五大类别的商业模型（图 7.7）。

万达商业街的空间形态主要是标准化、模数化的线性空间，室内步行街通常为三层，根据地块形状及规模，一般呈"U"形或"L"形，全长约 300~400m，室内步行街出入口一般通向不同城市道路。在平面上，大多沿一条主动线两侧均匀布置商铺，中间的带状通过性中庭均质地依序排列在主动线上，给人很强的交通导向感。而节点型中庭则设置在步行街的转折处、入口处，大中庭控制在 500~700 m^2（开洞面积）之间，小

表 7.3 万达产品发展阶段对比 [22]

战略转型	第一代	第二代	第三代	第四代
产品种类	纯商业	纯商业	商业、酒店、写字楼、住宅	文化旅游地产
选址	核心商圈黄金地段	核心商圈黄金地段	城市副中心、城市的开发区及 CBD	城市中央文化区、新区、郊区
规模	5 万平方米	15 万平方米	40~80 万 m²	50~150 万 m²
业态	购物功能组合	购物功能组合	24 小时不夜城 + 集成功能组合	全方位集成功能组合
主力商家	超市 + 家电 + 影院	超市 + 建材 + 家电 + 影院	百货 + 超市 + 家电 + 美食 + 影院 新增： 休闲 + 健康类商家	百货 + 影院 + 文化 + 旅游观光 + 超市 + 美食广场 + 健康 新增： 收购美国第二大院线 AMC
建筑形态	单个盒子式	组合式	综合体， 盒子 + 街区 + 高层的组合	打造一座文化旅游城市
代表项目地点	长沙、南昌、青岛	沈阳、天津	宁波、上海、北京、成都	武汉、通州

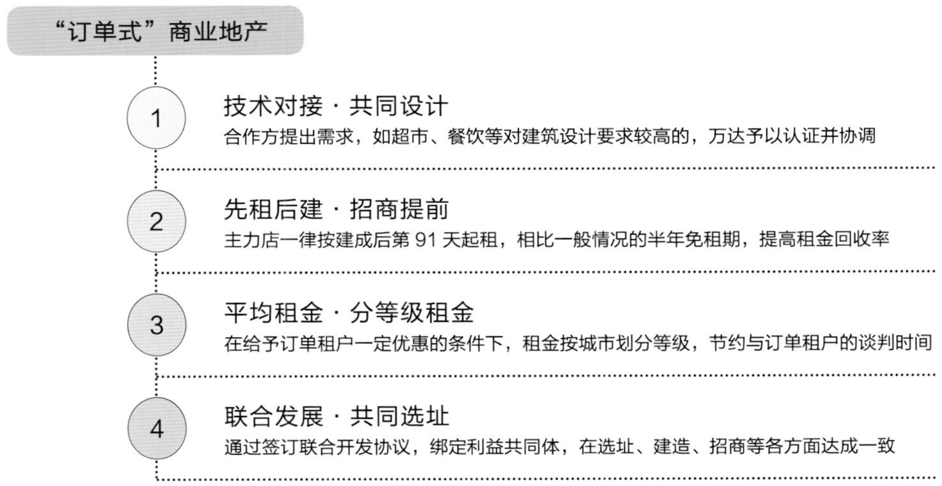

"订单式"商业地产

1. **技术对接·共同设计**
   合作方提出需求，如超市、餐饮等对建筑设计要求较高的，万达予以认证并协调

2. **先租后建·招商提前**
   主力店一律按建成后第 91 天起租，相比一般情况的半年免租期，提高租金回收率

3. **平均租金·分等级租金**
   在给予订单租户一定优惠的条件下，租金按城市划分等级，节约与订单租户的谈判时间

4. **联合发展·共同选址**
   通过签订联合开发协议，绑定利益共同体，在选址、建造、招商等各方面达成一致

图 7.6　万达"订单式"商业模式

中庭多在 300~400 m²（开洞面积）左右，中庭之间的间距在 80~100m。所有商铺单元进深控制在 8~16m，面宽 8.4m，尽可能减少不符合设计要求的商铺数量，降低招商难度。这种带状构成的步行街形态由于简洁、实用、易于识别且结构清晰，加强了商业场所的整体感和方向性。

而在建筑风格上，第三代万达广场也多以易控制造价和成本的现代、理性风格为主（图 7.10）。购物中心的外立面主要由实体墙面（铝板或石材等）、玻璃幕墙、广告（店招及橱窗）

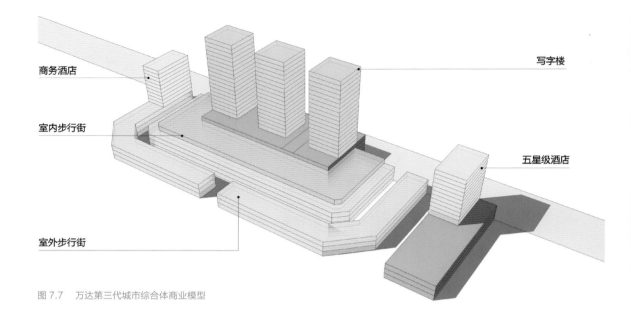

商务酒店

写字楼

室内步行街

五星级酒店

室外步行街

图 7.7 万达第三代城市综合体商业模型

等部分构成：南方城市以玻璃幕墙、铝板幕墙为主；北方城市以石材为主，结合部分玻璃幕墙及铝板，严禁全玻璃幕墙。室内商业步行街各商铺主立面，除预留店招位置外，全部采用通透白玻璃到顶的设计；次立面也多设计为玻璃墙面（包括部分商铺与主力店通道的次立面）。

相同的功能空间构成，相似的形象处理是万达广场保证工期、在全国快速复制的基础。保证并加强主体部分——室内商业街、商场及超市空间组合的标准化，尤其是商业外观形象的标准化，甚至是建筑材料、色彩包括室外城市雕塑和 LOGO 标识等的标准化，更利于万达广场的复制扩张并由此形成万达广场独特的形象和商业文化。

早期的万达广场更多的是规则的带状步行街，而随着商业场所越来越强调购物者的体验性与趣味感，万达广场在设计中也有了新的尝试，如第四代综合体产品武汉汉街万达广场，在整个设计中运用了反射、光线与图案的元素，通过抛光不锈钢和压花玻璃两种材料的结合，为来访者带来了纷繁多变的印象与体验。对灯光各种可能的组合和控制创造了丰富多彩的媒体照明效果以及千变万化的灯光变化顺序，配合汉街万达广场的使用，营造出引人入胜、令人兴奋的商业场所（图 7.8、图 7.9）。

图 7.8 武汉汉街万达广场
绚丽的室外灯光效果

图 7.9 武汉汉街万达广场
极具现代感的室内效果

图 7.10 北京万达广场现代简约的立面造型

7.3
凯德商用
Capitaland

2001 年，新加坡嘉德置地集团旗下凯德商用正式进军中国市场，凯德中国拥有一体化的零售房地产投资商业模式，具有零售房地产投资及开发、购物中心运营、资产管理和基金管理的全产业链能力。

7.3.1
开发模式与企业诉求

作为新加坡嘉德置地集团在中国的全资子公司，凯德从发展之初就依靠母公司在海外市场成功的资本运筹，筹集资金推动业务快速增长。早在 2003 年，嘉德置地就发起了"凯德置地中国住宅基金"私募基金，专门用于中国主要城市中高档住宅房地产项目开发，截至 2014 年 3 月，其旗下共管理 6 支房地产投资信托(REITs)和 17 支私募基金。私募基金为项目开发提供资金支持，待商业物业成熟后，私募基金则向 REITs 输送项目同时退出。凯德构造了一个以地产基金为核心的投资物业成长通道，而这种协同成长模式也成为新加坡地产金融模式的核心（图 7.12）。

凯德本身作为成熟的上市公司，其购物中心产品策略的核心不同于国内房企的"销售"或"安全"，而在于"收益"，强调租金收益和业绩增长，这也是其整个产品策略的主线。凯德购物中心的整体运营思路也是完全按照投资回报要求来考虑的，即物业的投资回报要按照资本市场来设定，8%~10% 的年回报率是基本要求。与华润置地类似，凯德在中国也有三条商业产品线，分别为来福士、凯德 MALL 或凯德广场、凯德龙之梦广场（图 7.11，表 7.4）。

7.3.2
匹配性场所感知与设计

在设计上，凭借多年的专业经验，凯德对其产品进行强

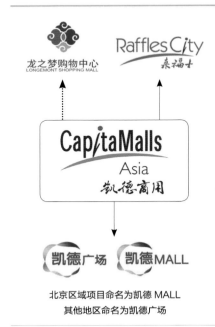

北京区域项目命名为凯德 MALL
其他地区命名为凯德广场

图 7.11 凯德项目产品线

力控制，以"定制化"与"标准化"模式进一步加强在中国的发展优势。采用顾问制管理方式，商业设计公司更多是遵循其意图与方案去完成设计。

凯德做商业地产因为有基金的支持，所以所有的商业项目都要满足背后基金公司或者募资人对于项目的资金回报要求。这使得凯德购物中心的商铺分割不是很大，主力店配比也不高，体验感不够强，但更利于招商与运营。凯德在成本收益方面有很高的标准，在商场内部，主要用次主力店去充当主力店，这样既可以规避主力

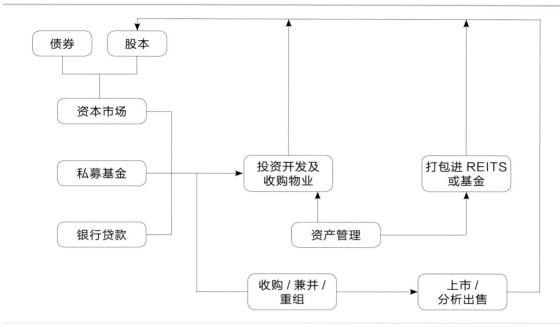

图 7.12 凯德集团资本运作流程图

表 7.4 凯德商业项目产品线对比

	来福士	凯德广场（凯德 MALL）	龙之梦
物业取得	买地自建，全部为持有型物业	购买或绝对控股现成物业，改造后持有经营	购买或绝对控股长峰地产现成物业，改造后持有经营
物业构成	除购物中心，还有酒店、公寓、写字楼等	纯粹的购物中心	除购物中心，还有酒店、写字楼等
体量	商业面积一般在 5 万 m² 以下，一般没有百货	一般在 5-6 万 m²	商业面积一般在 10-20 万 m²，一般没有百货
位置选址	位于城市核心区域	区域型购物中心	轨道交通枢纽上盖
档次定位	都市型中高档时尚购物中心	中高档	中档
顾客选择定位	目标人群一般为中高收入的年轻人和白领、金领人群	周边地区高收入人群	周边地区年轻人群
租户选择	选择对目标客群有影响力的次主力店，保证较高租金收益	凯德 MALL 的主力店以百货和超市为主，除了屈臣氏等次主力店外，一般店铺面积较小，品牌以中档价位为主，配以部分中高档价位的时尚流行品牌	选择对目标客群有影响力的次主力店，保证较高租金收益
建筑设计	极具个性、聘请世界一流设计大师	现代时尚	现代，简约

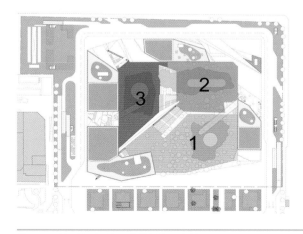

瞿塘峡（一层屋顶）
30 天之泽：池塘中随机分布的 30 个喷泉代表了一个月的 30 天
巫峡（二层屋顶）
一年之溪：365 个石块代表一年，流水从上面淌过，时间流逝
西陵峡（三层屋顶）
12 月之泉：池边的 12 个出水口代表了阴历中的 12 个月

图 7.13 成都来福士广场开放的城市公共空间

店的低租金、长租期，同时提高次主力店的租金收益。在无主力店的情况下，为了给项目带来更大的影响力，来福士在一般品牌选择上都有很高的要求，而餐饮类业态也是逐步调整，让项目本身具有时尚、休闲的功能。

以凯德最为知名的"来福士"系列为例，是包含酒店、公寓、办公、商业等的大型城市综合体，意图打造城市地标。其在设计上多具有以下特点：

1）重视商业场所的城市性：通过塑造具有公众到达和开放使用的公共空间，创造出富有人文魅力的开放性优质城市社区。如成都来福士通过层层广场将人流一步步引入，商业场所内部空间逐渐承担起城市空间的角色，内部空间逐渐走向室外化、城市化、公共化（图7.13、图7.14）。

2）追求个性化的购物体验：来福士定位于"青春、时尚、动感、猎奇"，中高档次，面向有一定消费能力、追求时尚的年轻人。因此，项目不依赖主力店，而是通过适中超前的业态组合及年轻人喜爱的品牌组合等，建立都市时尚年轻人全新的生活方式，如在平面上多选择环形动线，营造出"逛"的感觉。在购物中心内部主题的统一性与租户店面的个性管理上，凯德更是在组织架构上设有"租户协调"岗位，对购物中心的内部设计进行整体把控，使得商家的店面设计更符合其项目定位并个性十足，提升购物中心形象及场所体验（图7.16）。

3）令人兴奋的场所营造：在建筑风格上，来福士通过丰富绚丽的广告位与充满时尚感的外墙装饰，晶莹剔透的立面造型，外围景观小品的装饰，提升整体商业场所氛围。以北京来福士为例，在中庭嵌入一个5层高的钻石型螺旋体玻璃建筑——"水晶莲"（图7.17、图7.18），造型设计新颖独特，螺旋状的设计带给人不断变化的空间体验。而在外立面设计中，菱形的主题贯穿始终，玻璃窗的彩色垂直条纹和彩色方格相互拼凑，于建筑底部逐渐形成向上稀疏的渐变色彩效果，使建筑立面整体生动有趣，营造出流行、时尚、前沿之感（图7.15）。

图7.14 成都来福士广场开放的城市公共空间

图 7.15 北京来福士炫酷的立面

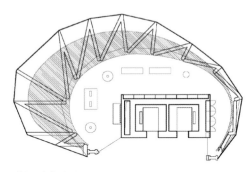

a. "水晶莲"造型平面

　图 7.16 凯德个性十足的店面设计

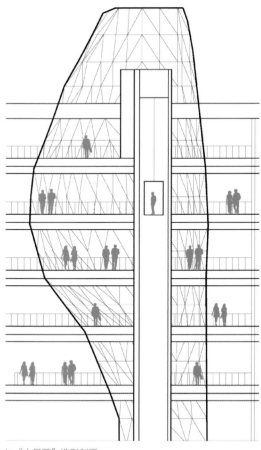

b. "水晶莲"造型剖面

图 7.17 北京来福士"水晶莲"设计

图 7.18 北京来福士时尚的室内空间

7.4
鹏欣集团
Pengxin Group

上海鹏欣（集团）有限公司是一家从房地产开发领域发展起来的多元化民营企业集团，涉足房地产开发、矿产实业、现代农业和股权投资等领域，拥有全资、控股子公司几十余家。旗下房地产开发板块涵盖有房产开发、建筑、销售、物业等业务，目前已形成了以城市综合体、高品质住宅、旅游地产等全线覆盖的发展格局。

7.4.1
开发模式与企业诉求

鹏欣集团作为一家民营企业，从住宅起步完成了早期资本的原始积累，然后将业务拓展到矿业、农业和股权投资等方面，现资产规模已超百亿元。2005 年集团进军商业地产开发，并且有意识地积累城市持有商业物业财富。

在金融模式方面，除了依靠自身不断壮大的资本实力，鹏欣商业地产以银行项目融资为主，一般经过首次开发贷款，项目开发中途或竣工运行后进行再评估，放大资产价值并获取更多、更长期的贷款，使整个项目运作具有短、平、活的特点。在早期，鹏欣倾向于先出售物业缓解资金链的紧张局面，然后通过返租等方式统一经营和管理，保证商业的整体质量。近年来，为了实现资本对接，鹏欣集团逐渐搭建了国内、国外的有关资本运作平台，其商业开发模式也变成持有型经营，更利于保证其商业地产的品质，创造品牌效应。

目前，鹏欣集团的商业地产根据城市地段、市场需求和商业容量等开发了星游城、金游城和水游城等三个品牌化系列（表 7.5），其中以"水游城"系列为代表的大型商业综合体的成功为鹏欣集团的商业地产发展打下了坚实的基础。以南京水游城的成功为起点，随着天津、盘锦、武汉、成都等水游城的相继开业和筹建，水游城品牌开启了鹏欣集团"十年百城"的全国性连锁发展商业综合体的长期战略（图7.19）。

"水游城"系列定位为区域性的"时间型消费"[23]家庭娱乐购物中心，目标消费群定位在 18~40 岁具有中等收入水平并且希望追求生活品质的人。选址通常位于一二线城市的副中心、旧城改造的中心区和正在兴起的二三线新城市中心，注重周边商圈的成熟度和交通到达的便利度。作为具有高市场灵敏度的民营企业，其商业开发紧追市场潮流并能灵活执行，通过打造具有差异化的体验性商业场所从同质化较高的商圈中突显而出，以"文化、体验和互动"为竞争力获得品牌认同从而迅速占领市场。

因此，水游城最大的特色是它令人兴奋和可识别的商业场所环境，同时通过挖掘城市的特色文化作为其商业主题亮点形成自身的城市性。在业态布局上，水游城也通过差异化战略有别于以购物为主、以大型超市为主力店的传统商业，大量增加了娱乐和生活功能，将零售业务从主要业态中逐渐减少，并且利用周边商圈的成熟度减少低租金的主力店配置，提高其商铺的单位价值。随着"水游城"系列商业综合体向多座城市的不断扩张，它也朝着标准化和可复制的方向发展，不断延续其标志化的商业场所特色，实现消费者对"水游城"系列的认同感与归属感。

表 7.5 鹏欣集团商业地产围绕三个"城"的品牌系列

商业地产系列名称	特点
水游城	位于城市大型商圈或地铁人流集聚区域，体量 15~20 万 m²，集购物、办公、娱乐、酒店、餐饮于一体，"时间型消费"购物中心
星游城	位于城市闹市区，地段极佳，体量在 5~10 万 m²
金游城	位于二、三线城市商业中心、步行街，搭配住宅和底商出售

天津水游城

南京水游城

武汉水游城

成都水游城

图 7.19 鹏欣水游城系列项目

7.4.2
匹配性场所感知与设计

鹏欣水游城打破了传统商业建筑封闭性的空间构筑方式，具有自然特色的"半开放式建筑格局"是最先吸引人们前来的特点。建筑采用几何构成与有机形体结合的手法创造出令人印象深刻的空间形态，在内部的公共空间中引入外界的阳光、空气、水景、绿色植物等自然元素，营造出一种自然、休闲的购物方式。例如南京水游城在地下一层打造了一条宽约 8m，长约 280m 的人工景观运河，形成了一个狭长的公共空间，运河周边布置有绿植盆栽及挂满墙壁的常春藤，使整个空间生机蓬勃、生动有趣。内部各楼层都围绕这条运河展开布置，让人们身处商场各处都能接触到自然，仿佛畅游于室外乐园一样（图 7.20）。

水游城采用的是剧场布景式的场所营造方式。从各城市的地域特征中发掘出当地的特色文化作为体验性商业的主题，通过穹宇形中庭、水岸、瀑布、水上舞台、空中庭院、天顶花园、透光天棚等舞台式公共空间的布置，结合与主题相呼应的多样化的立面、小品景观和铺地拼贴等设计，把水游城打造成城市生活和娱乐的舞台，提高了人们的兴奋度，吸引着人们不断前来体验和观看。南京水游城的中心穹顶之下就设有一个100多平方米的圆形舞台，四面环水的舞台和各楼层外廊自然形成的层层看台，以及舞台上每天上演的各色节目让这里成了市民喜爱的"都市剧场"（图7.21）。

在未来，水游城在不断扩张城市间实体商业的同时，也牢牢把握市场脉动进军网络领域，目前已提出了"智慧水游城"的概念。在"商品＋环境＋服务＋移动终端＋大数据＝水游城O2O"的商业模式下，将线上、线下的商业进一步融合，为消费者提供更为贴心和便利的服务，提高消费者体验感，在更高一个层面建立与消费者长期稳定的情感纽带。

b. 运河狭长的内部空间

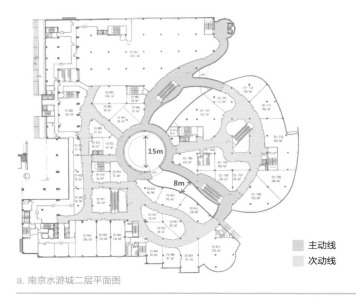

主动线
次动线

a. 南京水游城二层平面图

c. 运河丰富的空间层次

　图 7.20　南京水游城运河空间

图 7.21 南京水游城圆形舞台空间

7.5

港资地产企业
Hong Kong Real Estate Enterprises

从 20 世纪 90 年代初港资进入内地房地产行业至今，在商业地产开发和运营方面知名度较高的港资地产企业以新世界发展、恒隆、太古、新鸿基、九龙仓和瑞安等为代表。由于早期不同的发展历史和外资背景，使得港资地产企业与国企地产、民企地产在商业地产的开发模式和企业诉求上有一定的差别，形成了自身独有的特点，也进一步影响了其开发的商业项目带给人们的场所感受。

7.5.1
开发模式与企业诉求

雄厚的开发资金是港资地产企业的一大特点。企业通过股市、基金或者集团支持等方式得到资金，并且由于靠近香港市场，它们的资金获取成本远远低于同等规模的内地房产企业，有资金成本低廉的优势。此外，在开发后期港资企业可以选择对商业地产进行自营，或者通过将经营性物业打包到海外上市、将物业转给基金持有等渠道实现资本的退出，客观上也激发了他们开发商业地产的动力，并形成了特有的经营模式。

由于开发资金来源多样且成本较低，港资地产企业更加注重项目利润的长久化和可持续化，在战略上注重控制风险，特别是政策风险、市场风险和资金风险的控制等。表现在开发模式上，体现为由一家开发商独立完成一二三级联动开发：投资买地，先进行一级开发，然后是房产建设与销售，最后是持有型物业经营和管理。这种模式有利于实现利润点多元化、投资价值最大化。相对于内地企业大多专注于二级市场开发，港资商业地产项目的可持续性更好。另一方面，为了控制风险，港资地产企业的运作风格属于慢工出细活，倾向于稳步发展，

获取稳定现金流，不求快速扩张，专注于商业持有物业，绝对不能为了追求短期利益卖铺位而降低商业品质。

港资地产企业较为注重收益平衡化，一般会在同一个项目中开发多种业态，打造集住宅、服务式公寓、酒店、商业、办公于一体的超级大盘。在树立住宅优质品牌形象的同时，集聚商业地产的人气和氛围，通过经营性物业的长期持有创造稳定的收益，培育成熟的商业，提升居住和办公品质，同时也能拉升周边住房价格，让多种业态一起共同推动项目发展。在香港的早期发展使得港资地产企业形成了一套从施工到租赁再到管理的成熟体系。它们与 LV、Prada、Chanel、Louis Vuitton 等众多国际一线品牌建立的多年合作关系也使港资企业在内地成了高端商业的代名词。

7.5.2
匹配性场所感知与设计

早期进入内地时，港资地产企业凭着其在香港开发的经验，大多集中于北上广深等一线城市，在黄金地段开发商业综合体和高端住宅项目。近几年，随着一线城市的商业市场饱和以及二、

创智天地

瑞安虹桥天地

武汉新天地

上海新天地

岭南天地

图 7.22 瑞安集团的新天地系列

三线城市的快速发展和政策扶持，它们也将眼光投向了内陆城市，开始逐步加大向二、三线城市的扩张。港资企业将地段看作决定商业项目成败的关键前提，对于项目的选址有着严格的要求。它们更多钟情于交通便利、招商风险低的繁华地段，建成项目往往位于成熟商圈中紧邻地铁站或者有极高商业价值的地块之中，它们还会综合考虑项目所在区域的经济环境、政策环境、市场环境等等。也正是这些背后近似苛刻的要求降低了招商引资的难度和市场竞争的激烈程度，使港资商业地产项目成为城市区域的标志性名片，具有城市性特征。例如瑞安房地产开发建成的上海新天地、岭南新天地、武汉新天地等都位于城市核心商圈内，分别结合当地特色风貌和历史文化，融入时尚元素和现代化设施，成为了城市的新地标，也极大带动了周边城区的更新和发展（图7.22）。

为了更好地利用自身的优势资源，同时规避波动的市场风险，保障盈利，港资企业的商业项目定位于中高端消费市场，以全球著名一线品牌为主、辅以轻奢、时尚等品牌。为了在繁华商圈里突出自身标识性的特征，往往会邀请国际知名建筑师设计，例如北京三里屯太古里时尚又有历史记忆的街区型商业街构思于日本建筑师隈研吾；成都IFS简洁时尚的现代感由九龙仓配合英国贝诺建筑事务所策划设计，并携手KPF打造了标志性的塔楼。

定位于打造高端商业场所，港资商业项目更为注重消费者在商业内部的感受，无论是人流动线布局、公共空间氛围营造，还是饰面选材、构造细部等，都请专业人士规划和设计，处处体现出极高的设计品质和施工品质。这样的商业场所以顾客的体验和商铺的价值性布局为原则，保障空间的舒适度和店铺的易到达性，不会吝啬楼面积的适度"浪费"。新鸿基地产开发的上海环贸IAPM室内由专业人员精心设计，其地面铺装根据各区域的空间主题采用了不同的铺装纹样，并结合业态分布采用了多种石材和瓷砖材料（图7.23）。

和内地房产企业为了迅速扩张而建立起标准化、模数化的设计标准不一样，港资企业项目开发的谨慎态度使它们专注于每个项目本身，细致考量区域位置、文化、经济、政策、发展前景等等因素，不存在可复制的成功模式。因此尽管是

同一家开发商，开发经营的不同项目因地制宜、各有特色。例如，太古地产采取的就是慢逻辑下的精品路线，进入内地市场的10年里只开发了5个项目（表7.6）。他们根据每个项目的地理位置和文化内涵，为各个城市量身打造了各具特色的商业场所。因此，太古开发的商业项目虽然大多定位为中高端家庭时尚消费，但无论从总体规划、商业布局、建筑形态还是内部空间装修都各有自己的设计特色和原创亮点，使项目更加具有可操作的灵活性和良好的适应性。此外，港资地产企业也非常重视商业项目建成后的招商、营销和物业等软性服务建设，进一步加强中高端消费场所的体验感。

项目名称
项目图片
地点
规模
开业时间
项目特点

米色条形瓷砖

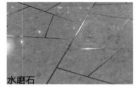

水磨石

条形板材

a：地面铺装设计——根据业态分布，地面铺装元素多样

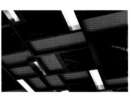

b 室内装饰元素——采用几何以及窗格元素统一装饰，塑造时尚动感空间

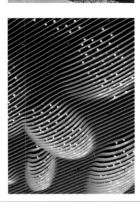

c 吊顶及灯光设计——室内屋顶采用动感波浪状天花造型，结合荧光灯及条形灯带

图 7.23 IAPM 室内设计

表 7.6 太古地产已建成项目

三里屯太古里	广州太古汇	北京颐堤港	成都远洋太古里
北京三里屯商圈	广州天河区	北京朝阳区综合发展区内	成都春熙路商圈
17.2 万 m²	35.8 万 m²	17.6 万 m²	10 万 m²
2008	2011	2012	2014
分为南北两个区域，由若干栋低密度当代建筑组合而成的街区型商业项目，空间特色来源于老北京的四合院和胡同	糅合商业和文化元素的大型商业综合体，附设有文化中心和屋顶花园，是广州大型综合体项目的标杆	结合商业和自然元素的大型商业综合体，结合北侧户外公园打造了室内宽敞的冬季花园	开放式、低密度的街区形态购物中心，结合历史悠久的大慈寺，营造了一个由街道、里巷、广场交错组成的都会休闲中心

7.6
印力集团（原深国投商置集团）
Yinli Group (Former Scp Group)

印力集团 2003 年 4 月成立于中国深圳，项目分布珠江三角洲、长江三角洲等地，是中国最具行业竞争力和影响力的商业地产公司之一。

印力集团在商业地产价值链的各个环节形成了项目拓展及开发管理、招商运营管理、资产管理及基金投资管理等核心竞争力，投资商业地产项目超过 60 个，总建筑面积近 600 万 m²，项目重点分布在长三角、珠三角和环渤海地区。其凭借强大的资源整合能力和开发运营经验，打造以"印象城"为代表的系列购物中心，致力于实现"汇集品质生活所需，是体验式购物和商业合作首选"这一愿景目标。印力旗下的购物中心超过 30 个，总建筑面积逾 300 万 m²，并与黑石、工银国际、沃尔玛等国际商业伙伴深入合作发展。

7.6.1
开发模式与企业诉求

"订单模式"在印力发展过程中，扮演主线地位，印力通过与国际知名零售商的合作来提升公司自身的品牌价值，并利用该品牌价值轻松获得大量低价土地。印力从此成为沃尔玛的"订单式开发商"，依靠"沃尔玛"的金字招牌，在内地二、三、四线城市一路拿地。

印力的开发模式主要为"商业＋金融＋开发＋管理"。项目集中在经济发展情况比较好的东部和中部的二、三、四线城市，拥有多家国际一流金融、商业合作伙伴，融资渠道多样化。同时，与外资金融机构组建房地产封闭基金，增强连锁开发能力。这种商业地产商以及房地产投资信托基金（REITS）合作进行商业地产投资的模式更为成熟，有效避免了开发商的资金压力，使开发商能更为从容地进行项目开发和运营，而不至于资金链断裂或者仓促销售。

印力在时代发展的潮流中，其产品经历了三个发展阶段：以沃尔玛单店为主的第一阶段；以沃尔玛为主力店，结合部分自营商业的第二阶段；家庭型区域购物中心的第三阶段（图 7.24）。

以印象城为代表的第三代产品，已抛弃了以大型超市为主力店的低回报率的运作模式，大卖场在购物中心中的比例已大幅缩减，不再以主力店的形式出现。另外，与前两代产品相比较，第三代项目产品的规模更大、业态更齐全、动线设计更为合理。现在，印力集团主打"印象城"系列：印象城、印象汇、印象里、印力中心。印象城走中高档路线，是区域性的购物中心；印象汇的目标群体是社区老百姓，打造社区型时尚购物中心；印象里是一步式的购物中心，主要是为了满足老百姓日常的生活必需品；而印力中心则是大型城市综合体。

7.6.2
匹配性场所感知与设计

作为印力集团全心打造的品牌购物中心，印象城定位于时尚、潮流的中高端家庭型区域购物中心，规模多在 8~12 万 m²，发展重点在中国的二三线城市、经济发达的省会城市和沿海地区的经济发达城市，全客层、全龄层的家庭式消费定位以及贴近生活的属地化消费是其最大的特色。在业态布局上，引入沃尔玛作为主力店的同时，更加注重其他业态的组合，充分彰显自身品牌的价值，选址上更加注重购物中心整体的商业价值，而不再以沃尔玛的卖场选址原则为标准。

作为典型家庭型购物中心的代表，印象城通过略带弧度的单动线设计、玻璃顶棚自然采光、宽敞的走廊与较高的层高，营造出一个舒适、温馨的商业场所。如苏州印象城，层高5.5m，内街走廊宽度约7m，内部装修以米白色石材为主，商场主体拥有6个大小不一的玻璃天花顶棚，阳光可以直射，即使是分层式车库每一层也都有自然光，为顾客营造了较为轻松自然的购物环境（图7.25）。印象城采用大面积中庭设计，所有店铺均沿中庭分布，避免了视觉和人流死角，增强了商铺的展示性；同时，为了延长消费者的购物时间，休憩场所众多，从而使顾客有充足的时间游玩整个项目。

印象城在外立面设计上多采用陶土板与玻璃，结合立面广告招牌，通过不同颜色、不同肌理材质的拼贴，立面构图感强，时尚气息浓，实现整个建筑外立面的效果，是家庭生活型购物中心立面设计常用手法（图7.26）。而公共部分装修则采用一些常见的装饰材料，如铺贴墙地砖、铝板、石膏板平顶、普通 LED 筒灯等常用、经济型的材料，定位于中端品质的商业设计与建设，在满足丰富的商业业态需求的同时节约工程投入，又不乏建筑艺术、人性化设计等亮点。

第一阶段

沃尔玛单店模式，为沃尔玛量身定做的购物中心，深圳宝安深国投广场是典型代表。

第二阶段

中小型购物中心模式，以沃尔玛为主力店，结合部分自营商业，佛山新一城是典型代表。

第三阶段

家庭型区域购物中心模式，不仅仅考虑消费者的购物需求，而更加注重购物生活的休闲体验，注重购物环境的营造，苏州印象城是典型代表。

图 7.24 印力集团产品升级过程

图 7.25 苏州印象城自然采光的室内空间

图 7.26 苏州印象城拼贴立面效果

7.7
中粮集团
COFCO

中粮集团努力发展商业地产，成功开发了以"大悦城"为品牌的城市综合体，并以"年轻、时尚、潮流、品位"为市场定位，深受消费者追捧。在集团"全服务链城市综合体"发展战略指导下，中粮大悦城在以北京、天津为核心的环渤海都市圈基础上，辐射东北与西南，拓展长三角、珠三角，着力在全国范围内发展大悦城品牌城市综合体项目。

7.7.1
开发模式与企业诉求

"大悦城"开发模式："母公司资金注入 +IPO"模式

中粮集团坚持持有型物业，可出售型商业较少，资产沉淀量大，前期开发投入与年租金回报不成正比，如果没有母公司中粮集团的资金注入，较难快速发展。中粮集团通过资金注入，也旨在谋求资产溢价，在金融市场上通过 IPO，获得超额回报。其采取长期持有经营策略，与华润置地的商业运营模式如出一辙。出于快速扩张的目的，中粮集团通过收购商业价值高的物业加以改造，亦是其大悦城品牌快速拓展的策略之一（图 7.27）。

大悦城的品牌模式是以"年轻、时尚、潮流、品位"为市场定位的城市综合体。大悦城系列，以 18~35 岁新兴中产阶级为主力市场，以购物中心为主体，组合公寓住宅、写字楼、酒店等多业态形成的全服务链城市综合体。大悦城系列项目的总建筑面积集中在 40~55 万 m²，总投资额集中在 30~40 亿元，商业总面积集中在 5~10 万 m²。位于离市中心约 0.5~1 公里的市级核心商圈或 6~8 公里的新兴大型住区所构成的区域商圈。

大悦城按照综合体的规模可以分为三类——商业综合体、都市综合体和区域型城市综合体，其盈利模式一直采取"商业地产开发 + 商业物业经营 + 专业化物业管理"的方式，通过长期持有、独立运营，获取物业租金回报，并通过良性经营实现物业的升值（表 7.7）。

7.7.2
匹配性场所感知与设计

定位于年轻、时尚的大悦城系列在商业场所的设计上主要有以下特点：

1）较为复杂的平面和动线：大悦城采用"去主力店"的铺位组织方式，以次主力店为主，延长动线来化小铺位，铺位大多大小不一，形态各异，迎合年轻人喜欢逛的感觉。在动线设计上也较为复杂，强调次主力店的重要性，结合飞天梯、中庭、主题广场、舞台、景观电梯、手扶电梯等垂直动线设计，引导人流，盘活难点楼层及铺位。

2）丰富多变的内部空间设计：为凸显商业场所的可识别性，大悦城在环境上力求新奇，甚至另类，以符合年轻人新潮的特点，通过灯光、色彩、地面、天花板的变化，甚至动线的变化，让消费者有一种移步换景的感受。而将购物中心传统的逐层消费模式向更有体验感的街区型消费模式改变，很好的融合了室内外的优点，既有室内的全天候良好环境，又能保有逛街的乐趣。此外，大悦城采用立体空间手法进行设计，加强了上下层空间的交流，使空间变得更加富有层次感，公共空间与休闲娱乐空间穿插，容易创造出热烈而丰富的商业氛围。大悦

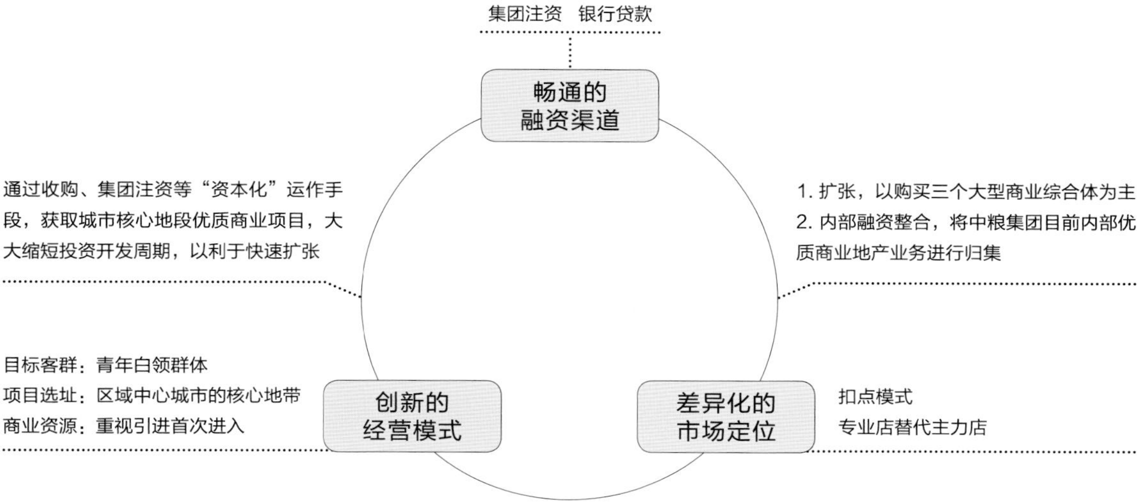
集团注资　银行贷款
畅通的
融资渠道
通过收购、集团注资等“资本化”运作手段，获取城市核心地段优质商业项目，大大缩短投资开发周期，以利于快速扩张
1. 扩张，以购买三个大型商业综合体为主
2. 内部融资整合，将中粮集团目前内部优质商业地产业务进行归集
目标客群：青年白领群体
项目选址：区域中心城市的核心地带
商业资源：重视引进首次进入
创新的
经营模式
差异化的
市场定位
扣点模式
专业店替代主力店

图 7.27　“大悦城”产品系列核心特征

表 7.7 大悦城按照综合体规模分类

	商业综合体（购物中心）	都市综合体	区域性城市综合体
代表项目	西单大悦城	天津大悦城	成都大悦城
项目照片	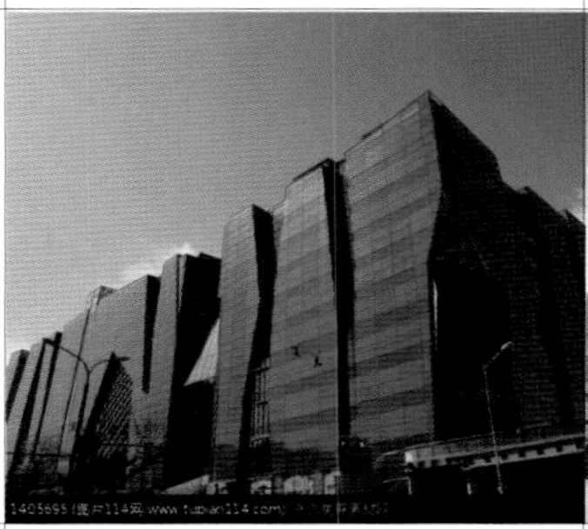	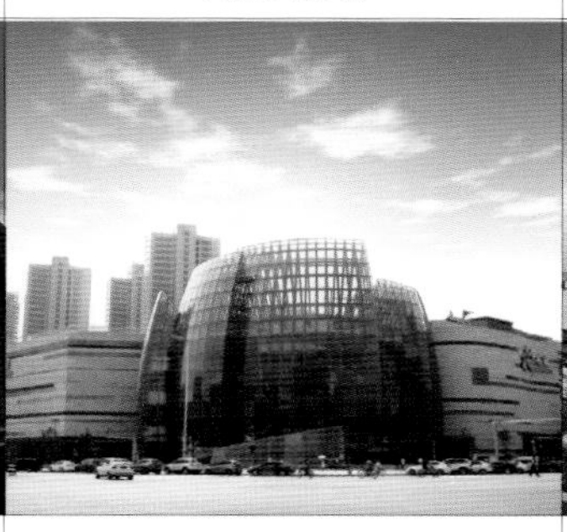	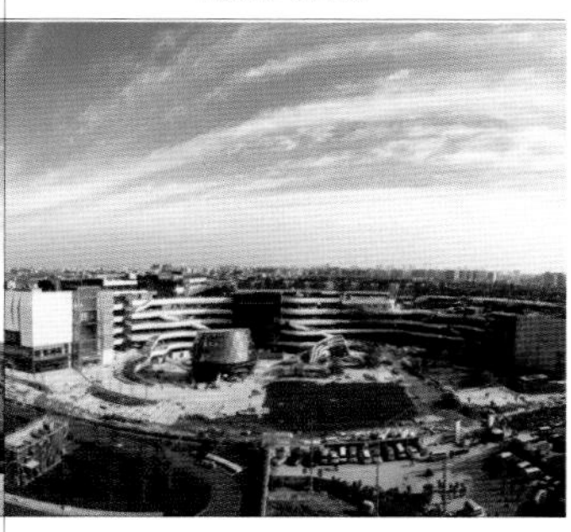
代表项目	上海大悦城	沈阳大悦城	朝阳大悦城
项目照片	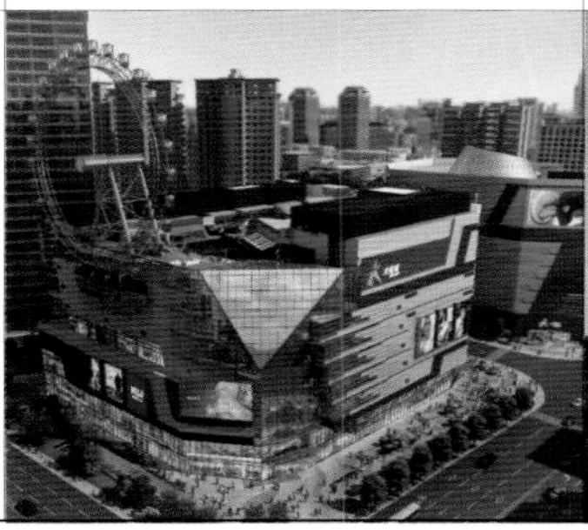	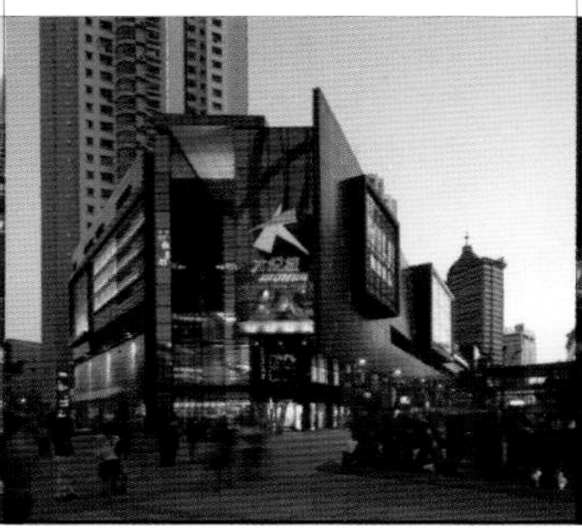	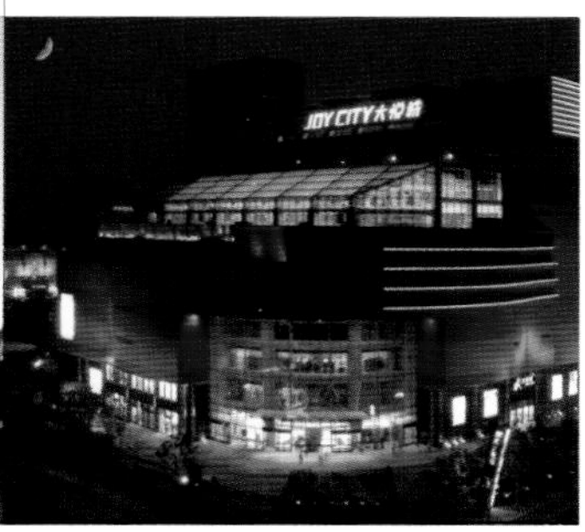 JOY CITY

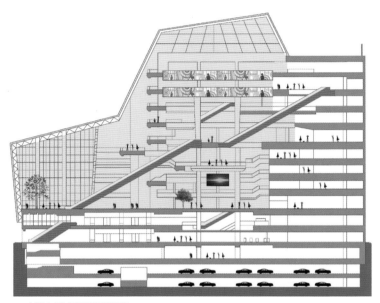

a. 上海大悦城剖面空间示意

b. 上海大悦城极具体验感的室内

图 7.28　上海大悦城

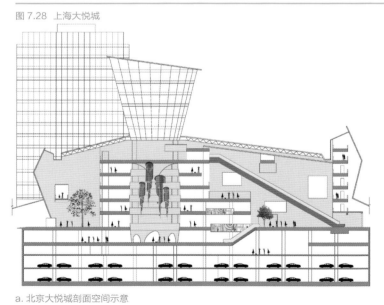

a. 北京大悦城剖面空间示意

b. 北京大悦城空间层次丰富的室内

图 7.29　北京大悦城

城通过宽过道、大挑空、长通道等构建出宽松宜人的公共空间，商铺所占空间不超过 50%，打造出时尚而又极具吸引力的内部空间（图 7.28、图 7.29）。

3）具有昭示性的外立面设计：大悦城地处一线城市的核心商业地段，用地极为紧张，因而采取高楼层、立体化的设计策略，结合空中中庭的做法打造出多样的场所体验。在外立面设计上，通过 LED 屏幕、特殊材质以及独特造型区别于其他购物中心，形成强烈的地标性（图 7.30）。

4）移动互联技术的应用：大悦城通过收集消费者WIFI 数据，室内 iBeacons 定位数据让 Shopping Mall、商户和消费者的行为都更加有的放矢，如将消费者的行动与商品间建立关联分析，对消费者展开高效精准的营销；在客流稀少的区域组织营销活动，使购物中心内客流冷热区域平衡，买、卖的体验都得到提升。

5）体验式场所营造的新升级：2015 年 12 月 19 日新开业的上海大悦城二期提出"打造魔都爱情地标"的理念，以"与消费者建立情感联结"为突破点，通过融汇情感的场景体验拉动目的性消费，如在屋顶打造国内首个悬臂式爱情摩天轮 SKY RING，位于大悦城 8、9 层的街区摩坊166，采用后现代工业化装修风格，集手作、异国料理、宵夜、酒吧为一体，拥有 40 余家风格迥异的特色店铺。上海大悦城二期通过"屋顶摩天轮 + 轻艺术街区 + 情感云"等三大亮点，体现了"差异化"、"场景化"、"智慧化"的新商业模式，将情感体验融入购物中心的每个角落，成功将购物中心的商业价值激发出来。

a. 上海大悦城

b. 天津大悦城

图 7.30 大悦城具有昭示性的外立面

7.8

银泰集团
Yintai Group

中国银泰投资有限公司（简称"银泰集团"）创立于1998年，是一家以商业零售、地产开发与经营、矿产资源、智能物流、投资与金融六大业务为主的多元化产业投资集团，目前已拥有多家上市子公司。十几年下来，银泰集团已发展成为一个多元化的国际性产业投资集团。商业零售是银泰集团的主营业务之一，以银泰商业（集团）有限公司（简称"银泰商业"）为代表，它从浙江的民营百货企业出发，不断壮大发展，在"多业态、多品牌"发展战略下，全力推进百货零售、购物中心、电商平台的发展。

7.8.1
开发模式与企业诉求

银泰在发展早期通过国际著名投资基金的注资取得了跨越式发展，并且通过不断扩大业务范围来壮大自身实力，之后又用子公司上市等方式公开筹资来获得更为强大的资金支持。此外，近年来它还与电商合作引入阿里集团的投资，希望实现线上和线下的共赢。银泰的商业发展策略更加注重业绩的增长和租金的收益，重视运营和物业的平稳投资回报，基本按照资本市场的要求来运作它的商业品牌和地产开发。

银泰集团通过10余年对百货零售行业的研究与摸索，建立了特色化的商业开发模式和产品系列，目前拥有银泰百货、银泰购物中心、银泰网和高端商业品牌in等四大核心业态（表7.8）。它在中国一线、二线或三线城市的核心商圈和非核心商圈合理有效地配置其商业项目，以银泰百货为先锋占领市场，建立品牌认可度，然后进行商业地产开发建

设城市性商业综合体，物业自主持有并统一招商运营和管理。银泰还积极拓展电子商务平台，力图打通线上线下的连接。

7.8.2
匹配性场所感知与设计

早期的银泰百货在空间布局上采取传统百货的柜台和开架面销售相结合的方式，以商品岛柜展示为主，只在有限的场内空间共享，使得空间拥挤狭小没有品质和特色。

近年来，为了迎合人们消费习惯的转变，银泰在百货的基础上，扩展了商业板块和地产开发板块，打造了若干购物中心和商业综合体项目，通过加强项目的定位特色，力求迅速占领细分市场。银泰根据城市能力、服务范围和业态特色等开发了银泰中心、银泰城和银泰环球城等产品线。

其中，银泰中心定位为奢华的地标性城市综合体，位于一线城市或重点省会城市的核心地段，具有令人瞩目的城市形象以及奢华高端的商业定位，成为所在城市的特色地标，城市

表 7.8 银泰集团产品系列

系列名称		特点	典型项目
银泰百货		全国性连锁百货，门店均位于城市繁华商业核心，以"传递新的生活美学"为理念，坚持专业化集约化，致力成为在多个区域内拥有领先优势、具有银泰商业文化特色的全国连锁百货品牌。以年轻人和新型家庭为主要客群，提升"年轻活力、时尚品位"的百货形象和业态	杭州武林银泰、杭州庆春银泰、宁波东门银泰、宁波天一银泰、温州世贸银泰等
购物中心	银泰中心	定位一线城市或重点省会城市高端、奢华的地标性城市综合体，规模在 30~70 多万 m^2，集国际顶级奢侈品牌购物中心、精品酒店、甲级智能写字楼和高档公寓于一体，在主要城市核心地段打造标志性的、高质量的、高品质的综合体	北京银泰中心、合肥银泰中心、成都银泰中心等
	银泰城	定位高端多功能复合型城市综合体，都市的时尚中心，规模在 30 万 m2 以上，集购物中心、酒店、写字楼、住宅于一体。已投入运营及在建银泰城 41 家	杭州城西银泰城、奉化银泰城、海宁银泰城、临海银泰城、慈溪银泰城、珞珈创意体验城等
	银泰环球城	"银泰环球城"是在"银泰城"基础上衍生出来的新产品。项目中包括建筑面积达到 5 万 m^2 及以上的主题公园业态的银泰商业建筑综合体	宁波银泰环球城等
银泰网		银泰网是专注于时尚精品百货的在线购物商城，大型 B2C 电子商务平台，依托于银泰的优质供应商、客户资源以及品牌优势，与银泰商业实体店紧密互动、互为补充	
In		为适应商业零售高端市场的发展，银泰商业于 2014 年发布了全新高端商业运营品牌 in。in 对高端商业零售项目从招商、运营、设计、市场等方面进行统一管理，并以"唤醒真正的自我"为品牌概念，以"品味、优雅、创新、不可复制、自信、个性、独立、引领"为品牌个性	

性是其最主要的特色。以北京银泰中心为例，邀请了国际建筑大师约翰·波特曼操刀设计，包括三幢标志性高品质塔楼和一座集聚了国际顶级奢侈品牌的购物中心。外观造型上，其外石材幕墙框架与内玻璃金字塔造型完美结合，演绎了中国灯笼照亮 CBD 的雄伟气魄。购物中心内部，延续了外部简洁时尚的设计风格和方格网状的设计元素，给人们提供了一个高端大气的购物环境，使得北京银泰中心成了京城高品位商业、休闲及娱乐时尚的新地标（图 7.32）。

银泰城定位为中高端多功能城市综合体，现已在全国四十多座城市运营发展。银泰城更多地结合各城市特色体现时尚潮流特色，用更为精准的品牌定位吸引人群，制造新鲜感，力图营造令人兴奋和可识别的商业场所来避开同质化的竞争。例如杭州银泰城，总体布局上把购物中心和室外特色商业街以及多个活动广场相结合，用多种商业形式给人们提供多样体验。购物中心不光有常规的餐饮、娱乐等业态，还布置有屋顶泳池、中央乐活公园等特色场所吸引人群。其室内空间设计中采用了树枝状支撑的玻璃顶棚，加上其夜间绚烂的灯光效果，使得公共空间生动有趣。多元的体验业态加上时尚的环境设计，使银泰城成了杭州最吸引年轻人的消费场所之一（图 7.31）。

同时，银泰将商业触角伸向互联网络，在整合线上线下资源方面大胆探索，意图为消费者提供更好的场所体验。一

a. 室内的树枝状结构顶棚

方面，它自建电子商务平台开发了银泰网。银泰网依靠着银泰的实体商业，所有商品均采取自营、自采、自销模式，既保证品牌质量又简化了品牌与消费者之间繁琐的流程，最大程度保障了消费者的利益，也满足了消费者多元化的需求。另一方面，在实体商场里，银泰在公共区域设置了大量与电商互动的界面装置，例如在成都大源银泰城中最大的购物亮点就是增加了线下体验中心这种新业态，如借助现代科技手段，在服装业态中实现投影试穿功能。在购买时可选择网上交易，也可到店中购买，而这些操作都能在商场中得到实现。再例如餐饮业态中利用网络科技实现点菜的方式，使餐饮业态更加互动等等。

b. 多元时尚的室内体验感

　图 7.31　杭州银泰城 Mall 室内空间

图 7.32 北京银泰中心城市界面

分类	案例	开发模式与企业诉求	
		融资方式及特点	企业诉求（开业前）
国资企业	华润置地	母公司华润集团，其雄厚的资金实力、商业资源是支撑华润商业地产开发的重要保障	坚持物业持有型模式，尤其注重持有型商业物业的选择时机和持有型物业的组合策略。采用标准化建筑设计
	印力集团	与外资金融机构组建房地产封闭基金，增强连锁开发能力。拥有多家国际一流金融、商业合作伙伴，融资渠道多样化	早期，印力依靠"沃尔玛"的金字招牌，在内地二、三、四线城市一路拿地
	中粮集团	中粮集团通过资金注入，旨在谋求资产溢价，在金融市场上通过 IPO，获得超额回报	扩张，以购买三个大型商业综合体为主。在初期就与大量商家达成战略联盟合作关系，整合商业资源，谋求打通商业全产业链
外资企业	凯德商用	私募基金为项目开发提供资金支持，强调租金收益和业绩增长	凯德对其产品进行强力控制，以"定制化"与"标准化"的模式进一步加强在中国的发展优势
	太古、新鸿基、九龙仓、瑞安、恒隆等为代表的港资企业	开发资金来源多样、成本低廉，注重项目利润的长久化和可持续化，强调控制风险	一家开发商独立完成一二三级联动开发，多业态类型整合，经营超级大盘。开发风格为慢工出细活
民营企业	鹏欣集团	依靠自身早期的资本积累和银行项目融资获得开发资金。注重资金的衔接和滚动	早期，先出售物业缓解资金链的紧张，然后通过返租等方式统一经营和管理；后期，资金状况发展良好，商业开发模式也变成持有型经营。经营风格为短、平、活
	银泰集团	通过国际投资基金和子公司上市等方式公开筹资获得资金支持，同时与电商合作引入资金。注重业绩增长和租金收益	用百货为先锋占领市场，建立品牌认可度。然后开发商业综合体，物业自主持有并统一招商运营和管理
	万达	万达地产的商业模式主要采用"现金流滚动"模式，一方面销售物业，另一方面与银行签订经营性物业抵押合同获得贷款，依次往复形成连续的滚动开发	"订单商业"模式，事先确定目标商家，除万千百货、万达影院、大歌星KTV等自主商户资源，万达还与大量零售商家建立了长期合作关系，拥有众多本土零售商家资源

表 7.9 典型企业开发模式及匹配化场所一览表

企业诉求（开业后）	匹配性场所感			
	城市性	记忆、归属性	兴奋、可识别性	舒适性
选择更有影响力和成长性的品牌租户，坚持全部持有自主经营。通过在零售行业和商业管理等方面积累的丰富经验，保证项目持续稳定运营	★★★★☆	★★★★☆	★★★★☆	★★★★★
通过与国际知名零售商的合作来提升公司自身的品牌价值，在与西蒙、嘉德的合作中，积累了大量商家资源和丰富的商业地产运营开发管理经验	★★★☆☆	★★★☆☆	★★★☆☆	★★★☆☆
采取长期持有经营策略，与华润置地的商业运营模式如出一辙	★★★☆☆	★★★★☆	★★★★★	★★★★☆
凯德购物中心的整体运营思路是完全按照投资回报要求来考虑的，即物业的投资回报要按照资本市场来设定，8%~10% 的年回报率是基本要求	★★★★★	★★★★☆	★★★★☆	★★★★☆
长期持有经营性物业，获取稳定现金流。重视项目建成后的招商、营销和物业等服务建设，与高端租户关系良好	★★★★☆	★★★★★	★★★★☆	★★★★★
通过打造具有差异化的体验性商业场所，创造系列性的品牌效应。迅速向全国扩张，发展商业项目的连锁模式	★★★☆☆	★★★☆☆	★★★★★	★★★☆☆
从经营百货出发，探索自营模式，建立自营品牌，形成了较为完整的商业产业链。为转型、多样化发展商业板块，开发了银泰网，打通了线上线下的连接	★★★★☆	★★★☆☆	★★★★☆	★★★☆☆
万达除部分出售型商业街外，万达商业广场以持有经营为主。追求长期的租金收益和物业增值	★★★☆☆	★★★☆☆	★★★☆☆	★★★☆☆

7.9
其他模式
Other Modes

a. 上海老码头创意园

　　此外，还有诸多开发商根据自身的企业特点摸索出与自身诉求相匹配的开发模式，并且创造出不同定位、各具特色的商业场所。

　　如上海弘基企业股份有限公司，致力于以轻资产为主的商业承租改造，多年来成功打造了数十个运营服务产品，包括弘基商业广场系列、创邑园区系列、弘基天地系列、弘基商业街系列等（图 7.33）。这种新兴的以"承租改造——统一运营"为核心的商业地产运营管理模式的显著特点是，项目前端所需的资金投入量较小，后期资金压力分布均匀。上游获取的一手物业在经明确规划和改造后，其内在价值会在短时间内获得提升，而科学的商业业态搭配和高效的运营管理则可为物业带来价值的二次提升。这种模式的关注重点为建筑的改造与再开发，对结构体量等改动较小，因此，其空间特点更多表现为场所感的打造——空间的设计与氛围的营造，如强调室内空间、庭院空间的丰富性与内外立面的装饰装修，打造出具有记忆归属感的商业场所。

　　而房地产龙头企业万科通过近十年的研究沉淀，以及对原有开发的商业项目进行总结和提升，推出的万科广场以新业态、新体验空间来塑造家庭型购物中心，匹配其一贯的创新精神和品质追求（图 7.34）。

　　此外还有以立足本土发展为特色的开发商，如宁波富达、河南郑州国贸商业有限公司等。以宁波富达为例，其开发特点是注重地域特色，打造出诸如宁波天一广场、和义大道、国购

b. 上海弘基创邑国际园

图 7.33　上海弘基创邑园区系列

中心、江湾城等项目，满足不同消费层次需求（图 7.35）。而郑州国贸投资开发的国贸 360 广场，定义为"快时尚集合地"，率先在当地引入多家国际知名快时尚品牌，结合创新互动的营销模式，打造时尚消费新体验的商场概念，现已成为河南地区最年轻、时尚、有活力的消费地（图 7.36）。这类公司以多元化地产开发为主导，通过逐步增大物业持有量和对业态的不断调整升级，缔造可以满足不同消费层次需求的商业航母，拓展企业发展空间，奠定公司在当地的地产龙头地位。其空间场所上的特点根据产品类型风格千差万别，更注重城市性、地域性的塑造，针对性地进行设计。

　　对城市进行区域性的占领是宝龙地产、协信集团、正荣集团和步步高集团等企业的开发特点。宝龙旗下的城市广场系列在国内具有较高增长潜力，它力图在二、三线城市扩展商业物业；协信集团的"星光"系列商业地产以重庆为据点

精耕细作，现已逐步扩张到西南、长三角、环渤海及珠三角四大区域；正荣集团在福州、长沙、莆田等发展潜力极大的城市，选址战略新区，建成了"财富中心"等系列的特色商业，同时也布局上海、南京、西安这样的一、二线城市，打造中心级综合商业；步步高集团投资开发的"步步高置业·新天地"城市综合体和"步步高广场"大型商业 MALL 立足湖南、江西，并且向四川、重庆、广西、贵州等中西部城市扩张。这类开发商秉持差异化发展策略，深耕三四线城市，通过大型商业弥补区域商业配套不足。同时，

图 7.34 上海七宝万科广场

图 7.35 宁波富达城市广场系列

在三四线城市与地方政府找到良好的合作契合点，通过政府获得低价土地储备、地价分期付款、税收减免、市政配套支持等。其空间场所上的特点依当地的商业发展水平而定，现有项目更多是传统百货的升级，空间较为单一，营业空间结合大中庭来分布，更注重项目坪效。而步步高集团投资开发的"步步高置业·新天地"城市综合体和"步步高广场"大型商业 MALL 立足湖南、江西，并且向四川、重庆、广西、贵州等中西部城市扩张。这类开发商秉持差异化发展策略，深耕三四线城市，通过大型商业弥补区域商业配套不足。同时，在三四线城市与地方政府找到良好的合作契合点，通过政府获得低价土地储备、地价分期付款、税收减免、市政配套支持等。其空间场所上的特点依当地的商业发展水平而定，现有项目更多是传统百货的升级，空间较为单一，营业空间结合大中庭来分布，更注重项目坪效。

不同的产品线直接反映出商业项目的定位和受众群体、品牌价值的差异化，也凸显出其在城市网络布局上的取舍，框定了未来商业发展版图。因此，开发商在进行商业地产开发与设计时，应采取开放式思考，结合自身已有资源，因地制宜进行开发，而不仅仅是生搬硬套现有的开发模式。对于设计师，则应根据具体的情况，与开发商的定位和资金实力相匹配，进行创新性设计，打造出富有场所精神的商业场所。

图 7.36 郑州国贸 360 广场

P181　21／商业地产两种主要开发模式，陈倍麟. 商业地产项目定位与建筑设计——陈倍麟的 18 堂实战管理课. 大连：大连理工
　　　　大学出版社，2013：318

p187　22／发展历程分解：万达产品发展阶段分析 http://news.winshang.com/news-141336.html

p196　23／区别于消费者是为买东西才去购物中心的"目的性消费"，鹏欣·水游城提倡"没事就去水游城逛逛吧"，
　　　　使消费者长时间逗留的"时间性消费"。

商业场所主要由空间构成、氛围营造、人的参与、后期维护等要素构成，商业空间是商业场所设计的基础，通过对入口空间、中庭空间、商业动线、营业空间、建筑界面等重要节点的设计与把控，营造出适宜人购物与交往的空间体验。

8

商业场所的
构成与设计
Composition
and Design of
Commercial Place

8.1
商业场所构成要素
Elements of Commercial Place

8.1.1
空间构成

对消费者而言，主要通过公共空间和营业性空间获得场所感。商业场所空间主要由入口空间、中庭空间、商业动线、营业性空间、广场空间等组成，而这些又合而为一共同影响消费者在商业场所中的感受。商业场所空间具有展示性、交易性、愉悦性等空间特性，因此在设计中要注意空间的通透性、流动性和丰富多样性，以创造独特的空间特色。

8.1.2
氛围营造

商业场所的目的是引导和维持消费行为的发生，因此，应该从消费者的心理需求和购物体验出发，从空间界面、造型组织和微环境等物理环境入手营造场所氛围，体现场所的城市性、记忆性、可识别性和舒适性等特性，创建一种人与空间的即时认同关系，增强人们对商业空间的归属感。

比如，通过商业场所的内部材料（肌理、质感）、色彩、光影、细部、广告、景观、微环境（温度、湿度、气流）的处理，可以突出商业场所的特质，凝聚人气，烘托气氛。

8.1.3
人的参与

人的行为和其发生的外在环境相互作用就形成了场所，同理，人的行为对场所也能产生影响。人的积极参与，一方面可以烘托与影响环境氛围，另一方面也满足了人生理与心理的需求，比如人的交往需求、"人看人"需求。这是因为商业场所的本质正是以人为主体进行商业活动的场所（图 8.1、图 8.2）。

8.1.4
后期维护

除此之外，商业场所感的营造离不开定位招商、运营管理及后期服务。如果说，空间构成、氛围营造、人的参与是商业场所形成的决定性要素，那么后期维护则是商业场所可持续发展的必备条件。

商业地产的良性运作是商业场所富有活力的基础，运营商应承担起经营管理的责任，同时尽可能营造良好的商业经营条件和氛围，比如提出呼应商业场所主题的营销计划，定期举办个性化的商业活动，对商场的形象及物业进行统一管理等等。而不是急功近利，只追求商业短期利润最大化，却忽视商业物业可通过运营获得资产价值的提升。

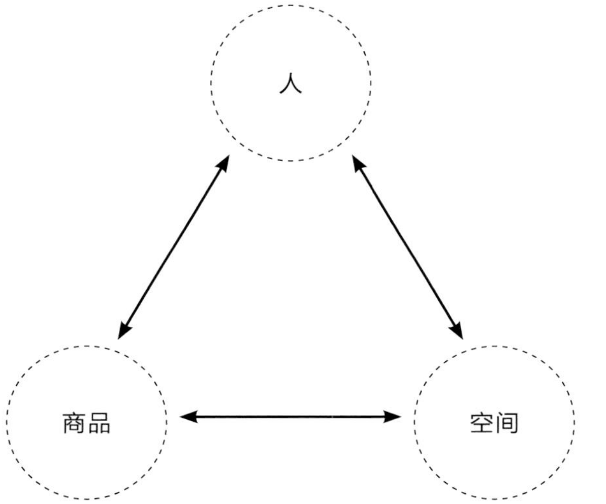

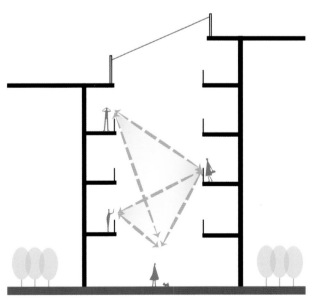

图 8.1　商业空间的基本构成要素

图 8.2　中庭回廊的"人看人"

8.2
商业场所空间设计方法
The Design Method of Commercial Space

空间的构成方法主要包括空间的围合与开敞，空间的对比与变化，空间的渗透与层次，空间的组织与形式等等。具体到商业场所空间，主要通过入口、中庭、商业动线、营业空间等方面来展示。

8.2.1
入口空间

入口空间是人们进入商业场所的第一印象，商业建筑入口空间是城市空间和商业空间的过渡与融合点，成功的商业建筑入口设计不仅可以丰富商业建筑的形态，提高商业建筑的品质，还可增强商业建筑的吸引力。商业建筑入口空间的主要空间特征在于识别性、商业性和导入性，因此在设计方面要注重空间层次的组织，氛围的营造，以及人性化的设计。

入口空间的常用设计手法主要包括凹入式、凸出式、灰空间、下沉抬升等（表 8.1），通过这些手法的处理，配合色彩、材质、构件等软空间的塑造，营造出醒目、标识性强、同时又与建筑整体协调统一的商业入口空间。

8.2.2
中庭空间

中庭空间是购物中心内部最为重要的商业空间之一，也是一个项目动线的阶段性节点及商业体验的重要空间载体。商业建筑的中庭空间作为购物群体和个人的感知对象，它应该既符合人的个体活动需要，又适应群体聚集活动的需要。

中庭的作用主要体现在以下几个方面：

1）平面垂直人流交通组织节点：中庭空间是自动扶梯及垂直升降电梯最集中布置区域，因此中庭最重要的功能就是协调平面和垂直交通组织，使消费者保持清晰的方向感。

2）商业资源整合舞台：中庭空间是消费人流汇聚的地方，一个好的中庭设计，除了起到商业橱窗展示、交通组织和人流停顿的作用外，还应满足多元化功能的需要，例如展览、舞台、活动、聚会等。

3）商业价值立体提升：现代商业将各个楼层的商业功能借助中庭在立体空间展示出来，通过变幻、多元的建筑效果，营造出立体的消费空间，垂直拉动消费者，提升商业各个楼层的价值。

因此，在中庭空间设计时要特别注意空间的轮廓清晰明确，空间的尺度比例适宜，具备整体感。同时，流通空间要有明确的导向性，滞留空间要有较好的凝聚性和围合感，使中庭具有强烈且有别于营业空间的空间特色，增强消费者的场所感。此外，空间划分应利于丰富空间的层次和变化，把握好共性空间中个性空间的设计，避免同质化，使得商场更具有流动性和展示性。

一、节点型中庭（主中庭、边庭）

根据功能，中庭空间可分为节点型中庭和非节点型中庭，节点型中庭又包含主中庭和边庭，其中最重要的是主中庭，主中庭的大小、位置及高度，通常是根据购物中心的层数、高度、动线长度及中庭总数来确定（表8.2）。

边庭空间大致分为两类，一种与主入口结合，衔接内外部动线，成为由城市空间进入建筑空间的过渡和中介，使人在接近和步入建筑时获得愉悦的感受；另一种则是位于购物中心的中部，局部对室外开放，引入室外光线与景色，满足人们亲近自然的愿望，属于主中庭的一种（表8.3）。

| 特点 |
| 手法 |
| 体块示意 |
| 案例 |
| 平面 |
| 实景照片 |
| 平面尺度 |

表 8.1 入口空间常用手法

凹入式	凸出式	灰空间	下沉抬升
更大的入口广场 导向性强	标志性强 常为边庭空间	过渡空间	双首层 提升地下 / 二层商业价值
门洞内凹 体量后退	玻璃体插入 实体插入	构架、雨棚 拱门拱廊	下沉广场 大台阶

深圳万象城	上海恒隆广场	上海西郊百联	南京水游城

| 长 13.5m，宽 14m，通高 | 长 25m，宽 12m，通高 | 长 11.3m，宽 17.5m，两层高 | 长 30m，宽 14m，通高 |

表 8.2 主中庭设计参数

功能	交通节点、休闲交往、展示表演等	
服务半径	主中庭约 50m，次中庭约 25m	
主中庭位置	中心：动线长度大于 220m	端头：动线长度小于 180m
优势	①吸引人流进入购物中心内部 ②带动中心的价值 ③利于整体人流的组织 主中庭处于购物中心中部，对购物中心服务范围大，便于人流的二次组织。适合动线较长情况	①主入口吸引力强 ②室内外互动性好 ③利于尽端人流的拉动 主中庭处于购物中心口部，利于直接吸引人流，对端头商铺的价值提升较大，适合动线较短情况
案例	深圳万象城	恒隆广场
平面		
高度	通高或局部通高	
常见形状	方形、圆形、椭圆形、不规则形态	

空间形态	垂直型	上大下小型	错位型（适用于 6 层以上购物中心）
示意剖面			
案例	上海港汇广场	深圳万象城	香港 MegaBox
示意图			

常见尺寸	圆形：24 ~ 33m（直径） 椭圆形：25m（短轴）×40m（长轴）以内 方形：24 ~ 27m（边长）
面积	常见约为 600~800m²
高宽比 【中庭空间侧界面的高度（H）与中庭宽度 (W) 的比值】	W/H=0.5：中庭空间显压抑； W/H=1：均匀可见，但不清晰； W/H=2：立面形象和局部清晰可见 W/H=3：使人感到空间宽敞，封闭感降低 W/H=4：空间的容积性消失

表 8.3 边庭设计参数

功能	带动尽端人流，强调与其他物业连接	
平面形状	方形、圆形、半圆形、不规则形态	
空间形态	垂直挑空、局部通高	
示意剖面[24]	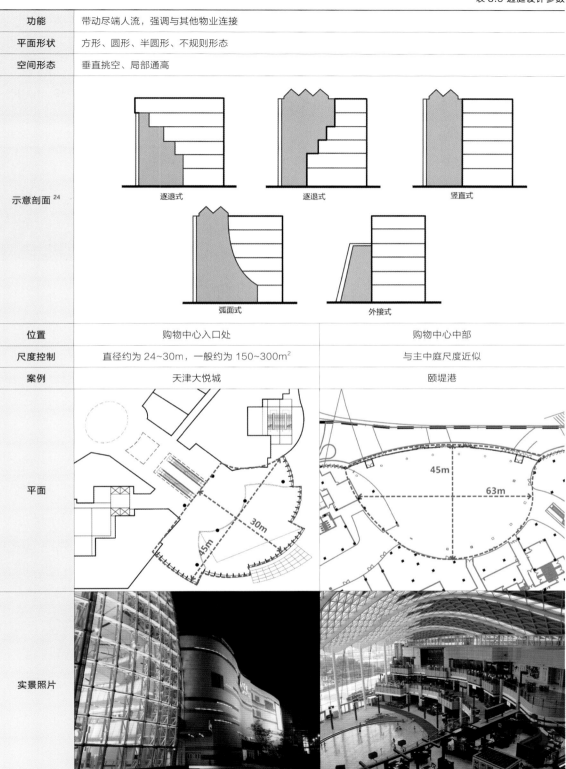	
位置	购物中心入口处	购物中心中部
尺度控制	直径约为 24~30m，一般约为 150~300m²	与主中庭尺度近似
案例	天津大悦城	颐堤港
平面		
实景照片		

逐退式　逐退式　竖直式
弧面式　外接式

30m　45m

45m　63m

二、非节点型（通过性中庭）

非节点型中庭一般沿主动线均质分布，主要引导人流作线状连续运动，具有很强的引导性，通过多个中庭空间串联形成生动的空间序列。非节点型中庭的尺度大小与商场的层数及定位特色等因素有关（表8.4）。

通过性中庭空间易单调乏味，因而可以通过空间的变化处理，一方面增加商业空间的趣味性，另一方面亦可以增强人们在商业场所中的方向感。例如通过不同界面材料的对比运用，或是将界面形态曲线化，或是将中庭空间进行多重组合变化，皆可增加通过性中庭空间的丰富性。如上海正大广场在通过性中庭内部设置趣味缓坡长廊、坡道、楼梯、穿插的连廊等等，空间多变，引人入内。而成都凯丹广场则是借助线光源与点光源强调空间的导向性，用白、银、金、咖啡等多种色彩丰富视觉体验，用大理石、木材、玻璃等材料凸显空间层次性，用细节的差别处理精心打造通过性中庭，最终呈现出令人愉悦的空间效果（图8.3）。

a. 上海正大广场

b. 成都凯丹广场

图8.3 通过性中庭的多种处理方式

表8.4 通过性中庭设计参数

功能	强调互动性，实现层与层之间人流穿梭		
平面形状	方形、扇形、不规则形态		
空间形态	平行交错	垂直挑空	层层退台
案例	上海正大广场	上海宝山万达	北京金融街购物中心
空间示意			
面积	100~200m²		
个数	个数与动线长度比约为1:30		
与动线关系	沿动线均质布置		
尺度	一般中庭宽度为8~12m，不小于6m，不大于16m 走廊宽度一般为4~6m		
位置	沿主动线均质分布		

8.2.3
广场空间

在开放街区式商业的设计中，广场的作用等同于中庭。广场作为商业街区的枢纽和节点，人流被吸纳，在此驻足体验商业，从而增强人流与商业的互动和渗透（表 8.5）。

一、入口广场

商业建筑一般需要在主入口处设置入口广场，用于人流汇集、活动举办、商业展示、广告促销之用。入口广场宜尺度适中，不宜过大，如《万达商业综合体设计准则 2011 版》中提到，"商业综合体应设置足够的城市广场区作为人流的主要集散空间，广场一般结合城市道路路口和室内步行街的出入口设置，其规模以 0.3 万 ~1 万 m² 为宜，可根据需要设置多个。"

二、下沉广场

下沉式广场可以有效打开地下商业空间，为地下商业引入人流，提升出租收益。下沉广场一般通过退台、景观、绿化丰富空间感，通过标志性的亮点（如设施、活动等）吸引客流进入。广场的尺度应合适，保证地下商业设施的可视性和可达性。

三、内院广场

商业建筑可设置内院广场作为商业人流汇集、商业氛围打造的集中空间，需要注重绿化、尺度、氛围的营造，避免让内院广场成为单纯的交通空间，更多强调其交互性和参与性。

表 8.5 广场空间设计参数

	入口广场	下沉广场	内院广场
功能	人流疏散、活动举办、商业展示	引导人流，提升地下商业价值	人流汇集、活动举办、营造氛围
尺度	3000~1 万 m²	500~1000m²	3000~1 万 m²
案例	北京颐堤港	上海国金中心	香港荃新天地
平面			
实景			

8.2.4
商业动线——方位感

捷得事务所的维尔马·巴尔曾在他的著作《零售和多功能建筑》中指出："虽然一般零售业项目的建筑师和开发商们喜欢选择简单而导向性强的流线，但是捷得却善于创造那种简单清晰之中又蕴涵着神秘和探险趣味的构架分析图，里面包含一系列的体验和不同的空间。捷得用这样的构架分析图来与客户说明游客如何到达，如何购物，地段周边的开发潜能以及项目的核心所在。"[25]

商业动线由水平动线、垂直动线组成，合理的商业动线能为承租户创造出最大的商业价值。

1. 水平动线

平面商业动线设计，也即商业主次动线的设计，不仅要为进入商业项目的消费者提供舒适的行走路线，同时也应体现出项目的商业文化。商业主次流线影响商业的经营环境和经营秩序，良好的商业主次流线组织可以使商场每一寸营业空间都能充分发挥其最大商业价值，并创造出良好的购物环境（图8.4）。

平面商业动线设计包括主动线、次动线和辅助动线（连廊、天桥、阶梯等）设计（表8.6）。

水平动线设计要注意以下几点：

（1）好的商业动线一定能够形成回路，而不能有射线存在，让消费者被迫走回头路。在一些狭长的空间中，如果无法形成充足的回路空间，可利用在末端设置主力店，端头设置垂直交通等进行规避处理。

（2）商业动线要注意曲与直的结合，既要使消费者对整体格局有所把握，不至于迷失方向；同时走道不能过于平直、单调，一望到底，尽收眼内，而缺乏了"逛"的乐趣；曲与直的变化可以改变动线的心理长度，过长的街区应适当增加曲度，可以避免产生街区过长的心理感觉。

（3）动线方向的改变要有过渡性，不要强迫消费者。尤其在商业空间中，要平缓地、无意识地改变消费者的行进路线，而不是强制性。

形式
优点
尺度控制
注意事项
示意平面
案例
平面

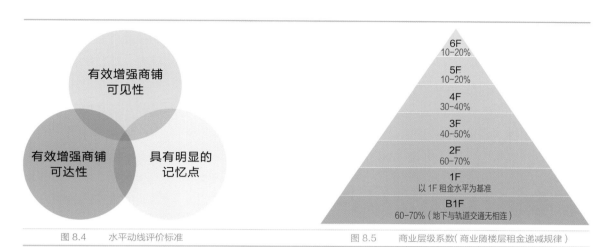

| 图 8.4 | 水平动线评价标准 | 图 8.5 | 商业层级系数（商业随楼层租金递减规律） |

表 8.6 水平动线形式

单动线	复合动线	多动线
折线形、一字形、环形	一根主要动线，若干根次要动线	动线数量较多且无明显的主次之分
简单清晰，形成人流回路；商业展示面佳，不存在理论上的商业死角	消费空间的多元化，建筑空间错落有致	一般用于开放式街区，彰显"街"的文化理念
水平动线长度一般控制在 220~350m 左右，动线平均宽度在 15~18m 左右	尺度与单动线类似	由于动线繁多，宽度受到限制，常规动线宽度约在 5~6m 左右
单动线设计时注意使消费者不走回头路，动线本身注意其趣味性	复合动线设计应避免让消费者面临过多选择，主动线要清晰	效率最低；平面上注重消费节点区域例如广场等空间的打造，适合特定业态（开放式街区、潮流小商品街、建材、服饰市场等）
深圳万象城	常州印象城	东京 DECK 建筑群

（4）动线的长度也要适当控制。长度的适宜具体表现在两个方面：一是平面动线的总长度，要使消费者走尽量少的路，而经过所有的店铺；另一个是单条动线的长度，不宜直线过长，当直线过长时，要采用一定的弧度。

（5）要重点考虑到商铺临街面和展示性。

（6）中庭对平面动线的核心化作用，一般平面动线需要核心时，不要超过两个，如多个时要明显区分，否则容易产生迷失感。存在多个中庭时，一定要对空间的功能、形式等方面做出明显的区分，例如表演活动空间、休闲空间、观赏空间等，切忌多个公共空间的功能雷同。

2. 垂直动线

商业项目中人流和租金一般呈"金字塔"形分布（图8.5），楼层越低吸引消费客群越多，租金也相应越高，垂直交通动线的设计原则是要充分激发消费者的"登高意愿"，通过目的性强的业态、富有趣味的垂直交通工具、活力动感的空间设计，鼓励消费者上行。

垂直交通动线设计包括垂直电梯、扶手电梯、台阶设计等（表8.7）。通过扶梯、客梯的合理布局有助于强化消费者的方向感，引导人流动线，增强其对商业场所的认同感，从而盘活高区的人气与业态，进而盘活整个购物中心。

垂直动线通过以下标准进行衡量：

（1）**便捷性**：快速将人流拉动至高楼层，减少消费者"爬升"过程中的等候时间和疲劳感。如上海大悦城利用3~7层和7~10层的"飞天梯"实现人流的快速跨层传送，解决垂直型购物中心高层客流的导入问题（图8.6）。

（2）**均衡性**：在平面布局中，扶梯或步道的设置应疏密适宜，均衡垂直拉动人流，提升高楼层的商业价值。

（3）**秩序性**：垂直交通，尤其是扶手电梯，上下次序流向的排定，可有效引导消费者抵达不同层面。如通过单向流线排布扶梯的方式，在上下的过程中，需经过一段距离来转换方向，增加了购物者在商场的停留时间，对商家来说是有利的。

表 8.7 垂直交通工具类型

	自动扶梯	垂直电梯	步行阶梯、坡道	自动步道
优点	载客量大、无需等待、占用面积小	占用面积小，与地下车库连通	维护成本低、安全	载客量大、无需等待、可载手推车
缺点	不可载手推车、维护成本高	载客量少、需等待、易堵塞	占用面积大	占用面积大
尺度控制	扶手电梯间距不宜超过70m，离出入口距离不宜超过30m	服务半径30~40m		
一般位置	沿主动线均质布置，广泛用于购物中心、百货商场	动线末端或中庭附近，做高层运输、观光	安全通道、景观设计	超大型超市、主力店店内

图 8.6　上海大悦城的"飞天梯"　　221

8.2.5
营业性空间

营业性空间，又称商业业态，是购物中心设计的主体，也是商场创造其自身经营特色的重要策略之一。常见的商业业态类型包括零售、餐饮、百货、超市、家居、影院、溜冰场、儿童乐园、KTV 等，对于商业建筑来说，不同业态及业种对空间位置、规模、功能有着截然不同的需求，业主应在设计前期将业态规划要求提供给设计公司（表 8.8- 表 8.11）。

表 8.8 零售购物的物业配置要求

	购物中心	百货
需求面积	60000m² 以上	20000~60000m²
单层面积	10000m²	4000m² 以上
柱距	8m*8m 以上	9m*9m 以上
楼层层高	≥ 5.1m	≥ 5m
主力店位置	主力店有独立外立面，应放置在一层	人流动线的一端， 在购物中心中庭或人流集散点处有连接出入口
主力店店铺面积	1000~2000 m²	/
零售店铺面积	100~200 m²	/
店铺长宽比	1:1.5~1:2 居多，控制在 1:2.5 之内	/
电梯	客梯 ≥ 4 台，自动扶梯每层 4~8 台，货梯 ≥ 4 台	客梯 ≥ 4 台，自动扶梯每层 4~6 台，货梯 ≥ 2 台

表 8.9 超市、数码卖场的物业配置要求

	综合超市卖场	国美电器	苏宁电器
需求面积	精品超市 3000 m² 左右 大型超市 6000 m² 以上 大卖场占地约 20000 m²， 单层约 10000 m²	5000 m² 以上	5000 m² 以上
柱距	8m*8m 以上	8m*8m	7.5m 以上
楼层净高	≥ 4.5m	4.5m	≥ 3.5m
电梯	大卖场需自动步道到达 卖场各层及停车层	/	/

表 8.10 餐饮的物业配置要求

商业场所设计

	正餐	中西快餐	特色餐饮	休闲餐饮
需求面积	一般 800~3000 m² 超大型可超 5000 m²	200~500 m²	200~800 m²	一般 50~400 m²
单层面积	不小于 2000 m²	100~200 m²	200~500 m²	200~500 m²
经营楼层选择	较高处	首层或者地下一层	顶层或者次高层（购物中心）	1~2 层
面宽	≥ 6m	≥ 6m	≥ 6m	≥ 6m
柱距	超过 8m*8m 柱网	4.5m 以上	4.5m 以上	4.5m 以上
楼层净高	>3.5m	>3m	>3.5m	>3.5m
电梯	首层主入口附近设置垂直客梯或者餐厅专用梯	如在商场内，无特殊要求，同一层面有扶梯/垂梯到达即可	如在商场内，无特殊要求，同一层面有扶梯/垂梯到达即可	如在商场内，无特殊要求，同一层面有扶梯/垂梯到达即可

表 8.11 娱乐休闲的物业配置要求

商业场所的构成与设计

	电影院	KTV	电玩游艺	儿童娱乐
需求面积	1500~6000 m² 其中：小厅 100~200 m² 中厅 200~300 m² 大厅 300~450 m² IMAX 厅约 600~800 m²	3000~4000 m²	2500~8000 m²	5000 m² 以上 9000~10000 m²
经营楼层选择	一般设置在高楼层（IMAX 厅不高于三层）	较高楼层	三层以下或者负一层	大型购物中心三层及以下
柱距	不低于 10m（可通过减柱实现）	/	大于 8m*8m	8m 以上，柱子越少越好，局部没有柱子
楼层净高	层高 9m 以上（可 2 层打通），小厅净高不低于 6m	≥ 2.8m	≥ 3m	8m~9m
电梯	有相对独立的垂直电梯	共享电梯，直达最佳	共享电梯，直达最佳	必须有 3~4 部专用垂直电梯

	健身中心	运动用品城	室内运动	溜冰场
需求面积	3500 m² 左右	800~3500 m²（购物中心内）4000~12000 m²（专业店）	1000~2000 m²	真冰场，60m*80m，面积为 4800 m² 休闲型溜冰场，56m*26m，面积约为 1450 m²
经营楼层选择	地下一层或者三层以上	购物中心 4~5 层的位置	购物中心 4~5 层的位置	地下层或者较高楼层，顶部挑空
柱距	不小于 7m	大于 8m	不小于 8.4m	冰面区为无柱空间
楼层净高	3.7~4m 以上	不低于 4.5m	不低于 4.5m	至少两层通高
电梯	共享电梯，直达最佳	就近有自动扶梯（购物中心内）单层（专业店）	共享电梯，直达最佳	就近有自动扶梯（购物中心内）

8.2.6
建筑界面

利用基本的建筑设计手法——造型设计、空间塑造等，结合材质、色彩、广告、灯光等微环境的设计，打造出独具特色的城市形象界面，从而营造出一个具有标志性、兴奋感、愉悦感、舒适感的商业场所，吸引更多的潜在消费者，最终实现整体物业的升值。

1. 立面

外立面是商业场所面向主要人流方向、展示购物中心形象的重要部分，是体现商业定位的主要标志。外立面设计要与商场的业态定位统一，注重整体性。

与之对应，内立面设计也要与商场的主题与氛围相协调，这样才能给消费者留下深刻的印象，营造出独具特色的购物体验。比如，通过材质的拼贴和组合、建筑色彩等诠释某种母题，使顾客有身临其境之感，增强游逛的乐趣。除了硬质材料如石材、木材、金属、玻璃之外，软质材料如植物、水体也能成为另一种重要的表现手段，软化人工空间，使商场显得更为自然亲切（表8.12）。

随着商业建筑的外立面向多样化、个性化、空间立体化、全功能智能化、结构体系化等方向发展，一些新型、节能环保材料也开始应用于建筑外立面，为建筑增加了新的表现力。如使建筑具有对外界环境刺激响应特性的"智能膜"材料，以及具有隔绝噪声、节能绿色等优点的种植墙等等，都为建筑界面增添了新的表现力。

2. 广告与屏幕

广告是购物中心必不可少的核心元素，也是购物中心除租金外最重要的收入来源之一。购物中心广告分为外部广告和内部广告。

购物中心的外部广告设置是商场外部空间环境设计的一部分，也是购物中心外部景观的一个重要聚焦点和视觉延伸，它应能充分体现商场的文化特质与人文内涵，并展示出一个

手法
特点
理论模型
案例
实景照片
常用材质
手法
特点
案例
实景照片
常用材质

表 8.12 立面设计风格

精品购物	年轻时尚	家庭生活	主题娱乐
外立面			
大面积石材、玻璃等材料的使用，变化较少，统一性好	经常通过颜色、材质较丰富的表皮构成主立面	经常采用不同材料的拼贴、通过立面构成的方法，颜色一般比较朴素	以某种主题作为设计的出发点，形态一般比较自由，紧扣主题
造型简洁、典雅、品质高，突显品味，在这里购物是身份的体现	造型轻盈、活泼、形态自由，有雕塑感，经常采用高技手段，吸引年轻消费者的注意力	较少采用高技的方法，简单易复制，对主立面造型投入不高	经常采用曲线的造型，手法夸张，色彩鲜艳，灯光比较炫
上海恒隆广场	新加坡 ION	广州万达广场	南京水游城
石材、玻璃、金属板材等	玻璃、金属板材、LED 屏等	石材、玻璃、不锈钢、面砖等多种材质的拼贴	金属板材、石材、面砖等，重点是氛围营造
内立面			
大面积石材、玻璃等材料的使用，变化较少，统一性好	与外立面类似，通过颜色、材质较丰富的表皮构成内立面	室内空间简洁，颜色一般比较朴素	以某种主题作为设计的出发点，形态一般比较自由，紧扣主题
造型简洁、典雅、品质高，突显品味，在这里购物是身份的体现	造型轻盈、活泼、形态自由，有雕塑感，经常采用高技手段	简单易复制，对内立面造型投入不高	通过雕塑、软装、色彩等，造型夸张，色彩鲜艳，灯光比较炫
杭州万象城	北京来福士广场	上海宝山万达广场	泰国 T21 航站楼
高档石材与玻璃为主	金属板材、玻璃、LED 屏等	涂料、面砖、经济型金属板材等	金属板材、石材、面砖皆可，重点是氛围营造

购物中心特有的风格和定位，主要由室外灯箱、立面墙贴、多媒体、室外高炮、室外 LOGO 墙、户外广告小品等组成。

室外广告设计原则：

（1）**整合性、一体性**：广告位要结合购物中心立面设计，把广告元素融入整体建筑设计语言中，广告位位置、组合形式及边框处理等有机生长于建筑立面中，并作为建筑细部来考虑。

（2）**位置**：室外广告位置一般结合场地人流和视线分析设置在面向人流及路口处，宜成组布置又可拆分出租（表8.13）。

（3）**数量**：广告位需满足购物中心形象展示、商业管理公司出租给主力店及次主力店等需求并进行数量控制，掌握适度的刺激强度。招牌的数量越多，每块相对被注意的可能性就越小，一般人的视觉注意范围不超过 7 块。

而购物中心的室内广告，则是购物中心商业氛围营造的重要元素，它可以装饰购物中心环境，渲染生动、鲜活、诱人的购物氛围，激发顾客购买欲望；从视觉、听觉、触觉等多方面吸引消费者的注意力，引导人流；并通过促销、活动等产品信息进行品牌形象传递。

室内广告主要包括：以室内灯箱类、POP 广告为代表的平面立体广告；以液晶电视、LED、触摸屏、互动媒体等组成的多媒体广告；由中岛展示平台、临时性广告位等构成的商品展示区。

室内广告主要集中于购物中心的入口、中庭、扶手电梯、垂直电梯、柱子、公共走廊等位置，根据项目定位、品质的差异，进行不同的设计，以达到引导人流动线、强化室内空间布局的目的。

3. 屋顶空间

随着现代商业越来越强调休闲性、舒适性、生态化，一些新兴的商业建筑越来越重视景观环境的打造，屋顶空间作为第五立面也越来越受到重视。屋顶空间的常见处理手法主要包括屋顶花园、水池的打造与退台设计等（表8.14），在设计屋顶空间时应与屋顶的餐饮、娱乐、室外剧场等设施相结合，实现商业功能与景观功能的互动。而退台上的商业

定位
位置
尺寸
图示

手法
特点
理论模型
案例
实景照片

表 8.13 室外广告位分类

一级广告位	二级广告位	三级广告位
实力雄厚的一线大品牌	较重要的主力店店招，如超市、百货、影城、家电、家居建材	首层商铺店招 次主力店店招
主要道路的主体立面外墙顶部，或商业裙房女儿墙上，具体位置结合建筑和周边场地的关系	广告位在二层到四层之间吸引力最大，不宜在五层以上布置广告位	店招结合店面设计，做在店面最显眼处
一般广告位以竖向为主并适当结合横向广告，占据墙面醒目位置 常用长宽比宜控制在 1:1.6 到 1:3 范围内	常见尺度为 3m*6m、5m*8m 长宽比例不宜超过 1:2.5	一般为横向的广告位 长宽比例不宜小于 1:6

表 8.14 屋顶空间常见处理手法

退台	屋顶花园	屋顶水面
购物中心从二层或以上各层逐层后退，形成平台空间	在屋顶上设计花园吸引人气，结合花园设置部分商业，提升商业价值	在屋顶花园设置了室外嬉水型浅水泳池，结合花园设置部分商业，吸引人们游玩
退台上的商业活动能够与建筑内的商业活动形成互动，活跃商业气氛，同时能够减小上层商业的进深	商业业态以休闲餐饮为主，业态的布置与景观结合，可以与下层商业布置不同步	围绕花园可设置影院、餐饮等业态，将人流吸引到屋顶，并提供宜人的水岸休憩场所
新加坡 ILUMA	成都 IFS	新加坡 VIVO CITY

活动能够与入口广场上的商业活动形成互动,活跃商业气氛,同时减小上层商业的进深。

以日本难波公园为例,通过退台空间进行生态化设计,给顾客在购物疲累之余一个轻松自然的环境,为接下来的购物之旅进行心理和精神上的"充电",屋顶花园与退台也逐渐成为其吸引消费者的热点。

4. 灯光照明

商业灯光照明可以有效增强商业场所表现力,建立良好的视觉环境,增加消费者舒适愉悦的购物体验;同时绚丽多彩的灯光设计也可给人留下深刻印象,吸引更多人流,调动消费者购买欲。如新加坡ION,将互动多媒体幕墙和LED照明设施覆盖大部分商场的外表,令夜间璀璨异常,成为城市的视觉中心(图8.7)。其中,泛光照明、轮廓照明、内透光照明、动态照明是夜景照明的常用方式(表8.15)。

商业场所设计仍需回归到建筑空间设计的原点,入口、中庭、广场、商业动线、营业性空间、建筑界面等要素作为商业体验的重要空间载体,应既符合商品展示销售的需要,又满足消费者的购物体验感,只有每一个要素的适宜性设计,才能共同构成流畅丰富的商业场所空间。

表 8.15 夜景照明常用方式

	泛光照明	轮廓照明	内透光照明	动态照明
特点	用投光灯使场景或物体光彩明亮,从环境中突现出来	灯光直接勾画建筑物的轮廓,增强建筑的体量,通过各种灯光色彩的运用,来赋予建筑崭新的性格	利用室内光线向外透射的照明方式,透光性表皮下隐藏的发光照明,对空间进行延伸	通过照明装置的光输出控制,形成场景明、暗,或色彩等变化的照明方式
灯具	宜采用金属卤化物灯或高压钠灯	紧凑型荧光灯、冷阴极荧光灯、发光二极管	三基色直管荧光灯、LED或紧凑型荧光灯	三基色直管荧光灯、发光二极管(LED)或紧凑型荧光灯
位置	常在建筑物底部向上打光,也有在顶部或半腰处。灯位要具有隐蔽性,以免破坏建筑的日视效果	建筑外轮廓,或建筑物需要强调的重点部位,如入口、屋顶造型等位置	商业内部灯光,双层表皮间灯光照明	根据灯光设计要求,将灯光隐藏在构造龙骨上
案例	日本难波公园通过泛光照明使建筑主体清晰明确	新加坡Suntec和Fullerton hotel使建筑形体更加明确,令建筑从环境突显出来	日本旗舰店表皮的透光性令整个建筑像一个闪闪发光的水晶,吸引了大量人流	武汉万达上部灯光颜色的变换,令商业氛围又多了一丝趣味与神秘
实景照片				

图 8.7 新加坡 ION 绚丽的夜景灯光

p227 24/ 边庭设计参数（示意剖面），洪晖．城市商业综合体内部开放空间设计研究 [D]. 2005:26.

p230 25/ 巴尔；Jerde 事务所编；高一涵、杨贺、刘霈译，《零售和多功能建筑》，中国建筑工业出版社，2010

1 · 刘先觉. 现代建筑理论——建筑结合人文科学自然科学与技术科学的新成就. 北京：中图建筑工业出版社. 2004：115

· 章丹音，朱钟炎. 从"非场所"到"场所"——以上海月星·环球港的空间生产为例. 住宅科技. 2014.03

· （丹麦）杨·盖尔著，何人可译.《交往与空间》（第四版）. 北京：中国建筑工业出版社. 2002.1

· （美）凯文·林奇著，方益萍译. 城市意象. 北京：华夏出版社. 2001.4

· 程超. 传统商业建筑队现代商业建筑的启示. 硕士学位论文. 太原理工大学. 2012.5

· 张红. 商业建筑的主题化与主题商业建筑. 建筑学报. 2005.12

· Jeffrey Inaba; Rem Koolhaas; Sze Tsu, The Harvard Design School Guide to Shopping / Harvard Design School Project on the City 2, Taschen, 2002.04

2 · 中华人民共和国住房和城乡建设部. 中华人民共和国行业标准——商店建筑设计规范（JGJ 48- 2014）. 北京：中国建筑工业出版社. 2014

· 周洁. 商业建筑设计. 北京：机械工业出版社. 2012.10

· （挪）诺伯舒茨著，施植明译. 场所精神——迈向建筑现象学. 武汉：华中科技大学出版社. 2013.7

3 · （意）毛里齐奥·维塔编著，曹羽译. 捷得国际建筑事务所. 中国建筑工业出版社

5 · 周洁著. 商业建筑设计. 北京：机械工业出版社. 2012.10

· 运迎霞，于洋. 商业步行街舒适性设计评价研究 [J]. 城市发展研究，2008，第3期 (03):36-42

6 · [英] 维克托·迈尔－舍恩伯格，肯尼思·库克耶 著. 盛杨燕，周涛 译. 大数据时代. 杭州：浙江人民出版社 .2013.01

· 谢晓萍著. 微信思维. 广州：羊城晚报出版社 .2014.11

· 张波著 .O2O: 移动互联网时代的商业革命. 北京：机械工业出版社 .2013.02

7 · 华润万象城，五彩城，欢乐颂商业模式浅析，http://wenku.baidu.com/view/2c6a93d11a37f111f1855b6b.html?from=search

· 地产从业人员必读：凯德集团产品线、运营模式、资产管理等深度解析，http://www.super-view.com.cn/news_info.asp?id=753&smallid=303&bigid=83

· 万达核心商业模式专项解读，http://www.winshang.com/anli/wanda/hxsy.html

· 赢盛中国研究：中粮"大悦城"产品系列商业发展模式 http://news.winshang.com/news-177600.html

· 中国银泰官网．http://www.china-yintai.com/

· 鹏欣集团官网．http://www.peng-xin.com.cn/

· 新世界发展有限公司官网．http://www.nwd.com.hk/zh-hans

· 太古集团官网．http://www.swire.com/sc/index.php

· 新鸿基地产官网．http://www.shkp.com/zh-CN

· 瑞安房地产官网．http://www.shuionland.com/

· 恒隆地产官网．http://www.hanglung.com/zh-cn/home.aspx

· 北京赛迪经略企业管理顾问有限公司．从银泰看百货业转型：渠道之争，还是模式之变？．赛迪管理评论．2014.6 第 6 期

· 南昕峪．银泰系的发展之道及其借鉴意义．商业评论．2013 第 1 期

· 佚名．银泰城，为成都商业地产树立标杆．来源：成都商报 2015.4.15 成都商报电子版 http://e.chengdu.cn/html/2015-04/15/content_516496.htm

· 袁媛．银泰＋阿里：O2O 能否拯救传统百货．来源：中国经营报 2014.6.7

· 林华．港资地产商：王者归来？．观察与思考．2009 年 18 期

· 刘玉刚．港资商业地产的成功元素．上海商业．2007 年 06 期

· 佚名．港资地产企业逐鹿商业房产．来源：财经网．2009.6.12 http://www.caijing.com.cn/2009-06-12/110183399.html

· 高通智库．太古地产：慢逻辑下的精品化路线．高通智库：房地产标杆企业研究

8 · 陈倍麟．商业地产项目定位与建筑设计——陈倍麟的 18 堂实战管理课．大连：大连理工大学出版社，2013

· 周洁．商业建筑设计．北京：机械工业出版社，2010

1

1.1　John Punter，John Montgomery. Making a city：Urbanity，Vitality and Urban Design. Journal of Urban Design,1998(3)

1.3　环球港室内，三益商业地产研究院，余巍拍摄

1.10　清明上河图，http://www.mypsd.com.cn

1.22　派恩和吉尔摩的 4E 体验王国，赵伟超，体验经济与商业空间设计的耦合关系——体验式商业建筑研究 [D]. 2014

2

2.5　北九州滨河走廊购物中心实景，http://www.jerde.com

2.13　新加坡怡丰城（图 b、图 e、图 f），三益商业地产研究院，余巍拍摄

2.14　江苏盐城中南城购物中心活动照片，http://yc.zhongnancity.com

2.18　虹口龙之梦鸟瞰，三益商业地产研究院，余巍拍摄

2.19　虹口龙之梦街角实景，三益商业地产研究院，余巍拍摄

2.20　虹口龙之梦室内中庭，三益商业地产研究院，余巍拍摄

2.25　上海新天地，张亮亮拍摄

3

3.6　上海十六铺老码头改造前后（右下照片），三益商业地产研究院，余巍拍摄

3.11　陕西富平荆山农业文明中心（图 a、图 b），上海现代设计集团总建筑师邢同和手稿

3.17　衡山坊入口，三益商业地产研究院，余巍拍摄

3.22　衡山坊北部新里实景，三益商业地产研究院，余巍拍摄

3.23　衡山坊复古而时尚的氛围，三益商业地产研究院，余巍拍摄

3.24　衡山坊绿墙音乐季，三益商业地产研究院，余巍拍摄

4

4.7　瑞典恩波里亚购物中心，Emporia shopping mall in Hyllie – Malmo, Sweden, Agnieszka Kita, bought license from http://www.dreamstime.com/

4.8　德国 My Zeil 商业中心，林钧拍摄

4.15　上海尚嘉中心的橱窗，三益商业地产研究院，余巍拍摄

4.20　新加坡怡丰城屋顶花园，三益商业地产研究院，余巍拍摄

4.21　溧阳上河城屋顶（图 b），三益商业地产研究院，余巍拍摄

4.27　迪拜 MALL 的水族馆主题中庭，蒋兰兰拍摄

4.36　泰国曼谷 Terminal 21 购物中心的室内空间，Terminal 21 shopping mall – Xin Hua, bought license from http://www.dreamstime.com/

4.37　香港 Megabox 购物中心，三益创作事业二部，詹晟拍摄

4.41　上海十六铺老码头商业中心，三益商业地产研究院，余巍拍摄

4.47　武汉万达城，三益商业地产研究院，余巍拍摄

4.49　乌克兰海洋广场（左图）–Ocean Plaza shopping mall,Kiev – Joyfull, bought license from http://www.dreamstime.com/
乌克兰海洋广场（右图）–Shopping Mall – Mike_Kiev, bought license from http://www.dreamstime.com/

4.54　台北京华城（图 a、图 b），黄元焜拍摄

4.55　洛杉矶 Universal Studio City Walk 商业街，Hard Rock Cafe in Universal Hollywood – Wangkun Jia, bought license from http://www.dreamstime.com/

4.62　环贸 IAPM 购物中心入口实景，三益商业地产研究院，余巍拍摄

4.66　环贸广场沿淮海路的城市界面，由贝诺 Benoy 授权使用

4.67　IAPM 购物中心的垂直交通系统（视角 1、视角 2），由贝诺 Benoy 授权使用

4.68　轻奢时尚的 IAPM 购物中心，三益商业地产研究院，余巍拍摄

5

5.23　上海浦东嘉里城实景，三益商业地产研究院，余巍拍摄

6

6.1　2014 年网络购物用户购物场景，根据《CTR：2014 年 4 月中国网购用户行为分析》绘制

6.2　消费者在实体店购物时使用手机辅助购物情况，根据 Ipsos2015 年市场调查数据绘制

6.4　支付钱包与虚拟化妆镜（下图），http://www.288.cn

6.7　虚 拟 试 戴 手 表 和 "爵 士 号" 游 艇，http://www.thedrum.com/news/2014/01/13/selfridges-london-unveils-ar-and-virtual-experiences-inition

6.8　Ingress 现实增强游戏，http://www.geekpark.net

6.10　连接一切的物联网，根据 https://ibmcai.files.wordpress.com/ 绘制

6.11　必胜客概念餐厅与用户手机感应的智能餐桌，http://v.youku.com/

6.12　虚拟现实主题公园 The Void：虚拟眼镜模拟现实场景，http://v.youku.com

7

7.1　商业地产两种主要开发模式，陈倍麟. 商业地产项目定位与建筑设计——陈倍麟的 18 堂实战管理课. 大连：大连理工大学出版社，2013：318

7.8　北京万达广场现代简约的立面造型，三益商业地产研究院，余巍拍摄

7.9　武汉汉街万达广场绚丽的灯光照明效果，三益武汉办事处，洪雁拍摄

7.10　武汉汉街万达广场极具现代感的室内空间，洪雁拍摄

7.11　凯德集团资本运作流程图，http://www.super-view.com.cn/news_info.asp?id=753&smallid=303&bigid=83

7.12　凯德项目产品线，地产从业人员必读：凯德集团产品线、运营模式、资产管理等深度解析，http://www.super-view.com.cn/news_info.asp?id=753&smallid=303&bigid=83

7.17　北京来福士时尚的室内空间，三益商业地产研究院，余巍拍摄

7.18　北京来福士炫酷的立面，刘峣拍摄

7.19　鹏欣水游城系列项目，http://www.peng-xin.com.cn/dichan/home2.asp

7.22　瑞安集团的新天地系列，张亮亮拍摄

7.25　苏州印象城自然采光的室内空间，杨柯拍摄

7.26　苏州印象城拼贴立面效果，杨柯拍摄

7.27　"大悦城"产品系列核心特征，http://news.winshang.com/news-177600.html

7.28　上海大悦城（图 b），三益商业地产研究院，余巍拍摄

7.31　北京银泰中心城市界面，刘峣拍摄

7.33　上海弘基创邑园区系列，三益商业地产研究院，余巍拍摄

7.36　郑州国贸 360 广场，曹景美拍摄

8

表 8.2　主中庭设计参数（深圳万象城照片），毛玉辉拍摄

表 8.3　边庭设计参数（示意剖面），洪晖. 城市商业综合体内部开放空间设计研究 [D]. 2005:26.

表 8.4　通过性中庭设计参数（北京金融街照片），刘峣拍摄

8.5　商业层级系数，绝对干货·最牛城市综合体·商业设计成功的 5 大关键点 http://read.haosou.com/article/?id=64497819a771f9f3923b78fd63e0e2e1

表 8.12　立面设计风格（北京来福士广场），刘峣拍摄

立面设计风格（泰国 21 航站楼），Lighthouse in Terminal 21 Shopping Mall- Xin Hua, bought license from http://www.dreamstime.com/

本书部分图片来自网络，未联系到作者，请作者联系编者，其余图片均为上海三益建筑设计有限公司·创作事业三部拍摄或绘制

后记

商业自古就有，是人类生活不可分割的一部分。无论是农耕社会还是现代文明，是中世纪的封建保守还是当代的开放交融，它始终在那。没有它的存在，人类将变得无趣、冷漠、淡然。它始终贯穿在人们的日常行为之中，哪怕是最简单的交换，商业也发生了，而伴随着交流、沟通和热情，人性的每个部分也在赤裸地、半遮掩地、模糊地流露出来。

值得我们深思的是：最为普通、常见的生活行为其实承载着最能体现人性的部分，那有没有可能通过建筑设计手段塑造的商业场所，能让人性那些美好的、愉悦的、闪光的部分成为一种常见现象[1]。这些思考虽然不是商业行为准则性的概括，却能促使商业社会的高效和良性发展。如捷得在《零售及混合功能设施的基本建筑类型》（Building - Type Basics for Retail and Mixed-Use Facilities）指出建筑愉悦的体验性是商业发生的重要因素；雷姆·库哈斯（Rem Koolhaas, 1944- ）《哈佛设计学院购物指南》（The Harvard Design School Guide To Shopping）中，描绘了商业购物行为发生的空间，提出了当今城市商业消费空间新的发展方向。

总体来说，建筑学对于商业的思考存在一定的片面性，这是因为通俗性的设计无法成为诸多设计师的理想选择，而过多的非设计层面也影响着商业项目建成后的效果。但从本源来说，民众的生活才是建筑存在的基本意义，商业场所的设计更需要建筑学的推动。正是因为如此，才有了这本书的初衷，希望此书能对未来商业场所的构建形成有效推动，如能尽此绵薄，也是达到目的了。

此书的出版离不开很多建筑界同仁的支持和指正，这里一并表示感谢。如上海现代设计集团总建筑师邢同和，在全书的框架整理商业场所的特征形成和重点节点研究方面提出了很多宝贵意见；上海三益建筑设计有限公司的高栋院长、林钧院长，在商业案例选择、书籍编制、场所效果展示等方面给予大力的支持和帮助；BENOY贝诺上海区总经理庞钦对于商业案例的支持。感谢以下诸位对于案例照片的支持，上海三益建筑设计有限公司的余巍、林钧、詹晟、施铭、洪雁等；郑州新田置业的曹景美等；以及业界同仁黄元焰、蒋兰兰、毛玉辉、张亮亮、刘峣、杨柯等。感谢上海三益建筑设计有限公司研究院陈聪和品牌部陈烨提供的部分研究资料，感谢研究院的冯慧、唐思雯对于此书的编辑、整理及版面设计。

　　此书是上海三益建筑设计有限公司创作事业三部全体成员的努力成果，是大家在工作之余，花了将近 2 年时间的心血结晶。感谢房志腾团队对"城市性商业场所"的初撰，感谢苏里团队对"具有记忆、归属性的场所"的初撰，感谢李松林团队对于"令人兴奋、可识别的场所"的初撰，感谢廖雪松团队对于"舒适、愉悦的场所"的初撰，感谢林春明团队对于"移动互联背景下的商业场所"的初撰。感谢胡沛、袁亮亮和胡小敏对本书图片的精心绘制。最后，感谢刘蕊、宋歌两位建筑师，正是她们任劳任怨的努力和不倦的治学精神，才得以让此书顺利完成！

査 翔

1／现象学研究始于海德格尔（Martin Heidegger, 1889-1975）和梅洛庞蒂（Maurice Merleau-Ponty, 1908-1961）；诺伯格·舒尔茨（Christian Norberg-Schulz,1926-2000）在《场所精神——迈向建筑现象学》（Genius Loci, Towards a Phenomenology of Architecture）中提出物理的建筑空间赋予了精神的意义；马克·奥热（Marc Augé, 1935-）《非场所：超现代人类学导论》（Non—Places：Introduction to an Anthropology of Supermodernity）一书中也探讨了商业空间的即时性和非历史、习俗性，开始用"场所"的视角研究商业空间。